Qurteeba Qadri
Zafar A. Shah

Inflamação induzida por H.pylori na patogénese do cancro gástrico

Inflamação induzida por H.pylori na patogénese do cancro gástrico

Qurteeba Qadri
Zafar A. Shah

Inflamação induzida por H.pylori na patogénese do cancro gástrico

ScienciaScripts

Imprint

Any brand names and product names mentioned in this book are subject to trademark, brand or patent protection and are trademarks or registered trademarks of their respective holders. The use of brand names, product names, common names, trade names, product descriptions etc. even without a particular marking in this work is in no way to be construed to mean that such names may be regarded as unrestricted in respect of trademark and brand protection legislation and could thus be used by anyone.

Cover image: www.ingimage.com

This book is a translation from the original published under ISBN 978-620-2-09572-3.

Publisher:
Sciencia Scripts
is a trademark of
Dodo Books Indian Ocean Ltd. and OmniScriptum S.R.L publishing group

120 High Road, East Finchley, London, N2 9ED, United Kingdom
Str. Armeneasca 28/1, office 1, Chisinau MD-2012, Republic of Moldova, Europe
Printed at: see last page
ISBN: 978-620-7-99161-7

ÍNDICE DE CONTEÚDOS

1. INTRODUÇÃO

O cancro é uma doença hiperproliferativa que envolve a transformação celular morfológica, a desregulação da apoptose, a proliferação celular descontrolada, a invasão, a angiogénese e as metástases **(Hanahan e Weinberg. 2000).** É um termo genérico que se refere a um grupo de doenças crónicas caracterizadas pelo crescimento descontrolado de células anormais dentro do corpo. Normalmente, as células dividem-se e replicam-se para substituir células gastas ou para reparar alguma forma de lesão nos tecidos do corpo e depois morrem. No entanto, as células cancerosas não seguem este padrão. Em vez disso, dividem-se de forma descontrolada e criam mais células anormais que sobrevivem às células normais.

Em 1863, Rudolf Virchow observou leucócitos em tecidos neoplásicos e estabeleceu uma ligação entre inflamação e cancro. Sugeriu que o "infiltrado linforeticular" reflectia a origem do cancro em locais de inflamação crónica. Estudos clínicos e epidemiológicos sugeriram uma forte associação entre infeção crónica, inflamação e cancro **(Coussens e Werb. 2002; Shacter e Weitzman. 2002; Hussain et al. 2003; Fox et al. 2007; Dobrovolskaia e Kozlov 2005).** Enquanto a infeção por Helicobacter pylori está associada ao carcinoma gástrico, a hepatite viral crónica está associada ao cancro do fígado, a infeção por Schistosoma spp. está associada ao carcinoma da bexiga e do cólon, a infeção por HPV está associada ao cancro do colo do útero e a infeção por EBV está associada ao linfoma de Burkitt e ao carcinoma nasofaríngeo. Verificou-se que a infeção crónica por H. pylori conduz ao cancro gástrico de duas formas diferentes: Em primeiro lugar, a presença de factores de virulência da H. pylori influencia diretamente o impulso de transformação. Em segundo lugar, a infeção por H. pylori evoca uma resposta imunitária exagerada que resulta em inflamação crónica e, subsequentemente, em carcinogénese gástrica.

Foram realizados muitos estudos para definir o papel da H. pylori na patogénese do cancro gástrico. Estes estudos sugeriram que o papel epidemiológico da infeção por H. pylori no desenvolvimento do cancro gástrico é apenas um fator no processo multifatorial da carcinogénese. A infeção por H. pylori progride para a carcinogénese gástrica através de dois mecanismos diferentes.

O primeiro mecanismo é a presença de factores de virulência que interagem com o epitélio do hospedeiro e conduzem à transformação neoplásica. O segundo é a presença persistente do agente patogénico no estômago, que leva ao desenvolvimento de uma resposta imunitária exagerada, acompanhada pela infiltração de neutrófilos e linfócitos, bem como pela produção de citocinas pró-inflamatórias que conduzem a uma inflamação crónica. A inflamação é a resposta do hospedeiro a uma lesão aguda dos tecidos. Caracteriza-se pela infiltração de leucócitos em resposta a estímulos exógenos, como infecções microbianas, exposição a alergénios e produtos químicos tóxicos, doenças auto-imunes e obesidade. Uma resposta inflamatória aguda é geralmente benéfica e uma resposta imunitária bem equilibrada pode ser anti-tumorigénica. No entanto, uma resposta inflamatória crónica, que se caracteriza por células imunitárias persistentemente activadas, danos no ADN e destruição de tecidos, é prejudicial, uma vez que a resposta imunitária fica distorcida [**Westbrook et al. 2010; Mantovani A et al. 2008; Karin et al. 2005**]. Durante a inflamação, é o equilíbrio entre as respostas imunitárias pró-tumorais e anti-tumorais que afecta as três fases do cancro - início do tumor, promoção do tumor e progressão do tumor. O ambiente inflamatório é caracterizado por um aumento das citocinas, quimiocinas e espécies reactivas de oxigénio e azoto. Estas resultam em mutações do ADN, alterações epigenéticas e instabilidade genómica que podem contribuir para a iniciação do tumor [**Grivennikov et al. 2010; Hahn et al. 2008**]. A promoção de tumores envolve a proliferação de células geneticamente alteradas, e a inflamação crónica promove esta proliferação através da inibição da apoptose e da aceleração da proliferação e da angiogénese [**Popivanova et al. 2008; Kim et al. 2010**]. Finalmente, a progressão do tumor e a metástase, que envolvem um aumento do tamanho do tumor, alterações genéticas adicionais e a disseminação do tumor do seu local primário para vários locais, também são influenciadas pela inflamação.

1.1. Infeção por H. pylori

Com a descoberta da infeção por H. pylori e o reconhecimento de que a infeção crónica por H. pylori induz alterações fisiológicas e morfológicas no meio gástrico que aumentam o risco de transformação neoplásica, foram feitos novos avanços na compreensão da patogénese do cancro gástrico. O género Helicobacter consiste em pelo menos 24 espécies encontradas no trato gastrointestinal de animais e humanos. Uma delas é a H. pylori. O H. pylori é um bacilo Gram-negativo, espiralado e microaerófilo que infecta cronicamente mais de metade da população mundial [**Zarrilli et al. 1999**]. A H. pylori tem sido implicada como agente causal da gastrite e da inflamação crónica e foi definida como agente cancerígeno para a carcinogénese gástrica pela Agência Internacional de Investigação do Cancro desde 1994. A infeção por H. pylori é estabelecida através da colonização inicial da mucosa gástrica, seguida da evasão da resposta imunitária do hospedeiro e da produção de citotoxinas pela bactéria.

O fator de virulência da H. pylori mais bem caracterizado é a ilha de patogenicidade cag (cag-PAI), um ADN cromossómico de 40 kb, que contém cerca de 31 genes [**Alm et al. 1999**]. Os genes cag-PAI codificam componentes de um sistema de secreção do tipo IV, que permite que o produto proteico CagA (cytotoxin-associated geneA) e outras proteínas bacterianas sejam transferidos para o citosol da célula epitelial. Depois de entrar na célula, o CagA é fosforilado e liga-se à tirosina fosfatase, induzindo a secreção de IL-8, um potente fator quimiotático e ativador dos neutrófilos [**Zarrilli et al. 1999; Keates et al. 1999**]. Depois de entrar na célula hospedeira, o CagA interage com os componentes do hospedeiro através de uma série de eventos e induz um impulso neoplásico.

1.2. Mecanismo molecular para a inflamação induzida por H. pylori e o cancro gástrico

A infeção por H. pylori é o fator de risco etiológico mais reconhecido para a malignidade gástrica. A infeção por H. pylori causa uma gastrite crónica que é o precursor de todas as anomalias fisiopatológicas caraterísticas da carcinogénese gástrica [**Peek e Blaser. 2002**]. A infeção por H. pylori pode levar a vários resultados clínicos divergentes que vão desde a gastrite à metaplasia intestinal e à carcinogénese gástrica. A maioria dos indivíduos infectados com H. pylori desenvolve uma pangastrite ligeira, uma condição que não altera negativamente a fisiologia gástrica e não está associada a doença significativa. A gastrite de predomínio antral está associada a hipercloridria, que acarreta um baixo risco de desenvolvimento de cancro gástrico, mas um elevado risco de desenvolvimento de úlcera duodenal [**Hansson et al. 1996**]. Em contrapartida, a gastrite predominante do corpo, que conduz a hipocloridria e atrofia gástrica, acarreta um risco acrescido de cancro gástrico [**Uemura et al. 2001**].

A infeção por H. pylori resulta na libertação de substâncias mutagénicas, como os metabolitos da óxido nítrico sintase induzível (iNOS), que podem exercer efeitos oncogénicos, incluindo danos diretos no ADN e nas proteínas, inibição da apoptose, mutação do ADN e das funções de reparação celular, como a p53, e também promoção da angiogénese [**Jaiswal et al. 2001**].

O lipopolissacárido do H.pylori liga-se ao recetor transmembranoso de reconhecimento de padrões denominado recetor 4 do tipo toll (TLR4), que é expresso em macrófagos e monócitos [**Medzhitov et al. 1997**]. O TLR 4 leva à síntese e libertação de citocinas inflamatórias, várias quimiocinas [**Gasperini et al. 1999**], iNOS [**Bogdan 2001**] e péptidos antimicrobianos, proporcionando assim uma ligação crítica ao sistema imunitário adaptativo [**Benelli et al.**

2002; Renshaw et al. 2002].

A H. pylori pode escapar ao sistema imunitário do hospedeiro durante longos períodos de tempo sem ser ameaçada pelas frequentes alterações ambientais gástricas. No entanto, estes mecanismos de evasão causam frequentemente danos celulares e inflamação. O sistema imunitário não parece determinar o estabelecimento de uma infeção, uma vez que os doentes imunossuprimidos não apresentam taxas de colonização mais elevadas [**Battan et al. 1990**]. Para além da colonização, da adesão e da libertação de toxinas, a H. pylori possui uma série de mecanismos para atenuar e manipular a resposta imunitária. A inflamação crónica resultante, juntamente com o efeito dos factores de virulência da H. pylori, contribui para o impulso neoplásico que conduz à carcinogénese gástrica.

2.   Revisão da literatura

O cancro, conhecido medicamente como neoplasia maligna, é um vasto grupo de doenças que envolvem o crescimento desregulado das células. No cancro, as células dividem-se e crescem de forma descontrolada, formando tumores malignos e invadindo partes próximas do corpo. O cancro pode também espalhar-se para partes mais distantes do corpo através do sistema linfático ou da corrente sanguínea. Nem todos os tumores são cancerosos; os tumores benignos não invadem os tecidos vizinhos e não se espalham pelo corpo. Existem mais de 200 cancros diferentes conhecidos que afectam os seres humanos. As causas do cancro são diversas, complexas e apenas parcialmente compreendidas. Sabe-se que muitas coisas aumentam o risco de cancro, incluindo o consumo de tabaco, factores alimentares, certas infecções, exposição a radiações, falta de atividade física, obesidade e poluentes ambientais. Estes factores podem danificar diretamente os genes ou combinar-se com falhas genéticas existentes nas células para causar mutações cancerígenas. Cerca de 5 a 10% dos cancros podem ser atribuídos diretamente a defeitos genéticos herdados. Muitos cancros podem ser evitados não fumando, comendo mais legumes, frutas e cereais integrais, comendo menos carne e hidratos de carbono refinados, mantendo um peso saudável, fazendo exercício, minimizando a exposição à luz solar e sendo vacinado contra algumas doenças infecciosas.

O cancro pode ser detectado de várias formas, incluindo a presença de determinados sinais e sintomas, testes de rastreio ou imagiologia médica. Uma vez detectado um possível cancro, este é diagnosticado através de um exame microscópico de uma amostra de tecido. O cancro é normalmente tratado com quimioterapia, radioterapia e cirurgia. As hipóteses de sobreviver à doença variam muito em função do tipo e da localização do cancro e da extensão da doença no início do tratamento. Embora o cancro possa afetar pessoas de todas as idades, e alguns tipos de cancro sejam mais comuns nas crianças, o risco de desenvolver cancro aumenta geralmente com a idade As taxas estão a aumentar à medida que mais pessoas vivem até uma idade avançada e à medida que se verificam mudanças maciças no estilo de vida nos países em desenvolvimento.

ı. **CANCRO GÁSTRICO:**

O estômago está dividido em três secções diferentes. O terço superior, estômago proximal, próximo do esófago, é constituído pela junção gastroesofágica (cárdia) e pelo fundo, o terço médio é constituído pelo corpo e pela porção inferior (fechada ao intestino), o estômago distal é constituído pelo antro e pelo piloro. O piloro actua como uma válvula para controlar o esvaziamento do conteúdo do estômago para o duodeno. A parede do estômago inclui quatro camadas: a mucosa, a submucosa, a muscular própria, a subserosa e a serosa. O estômago tem duas curvas, a curva menor e a curva maior, nas quais se encontra fixado o omento menor e o omento maior, respetivamente.

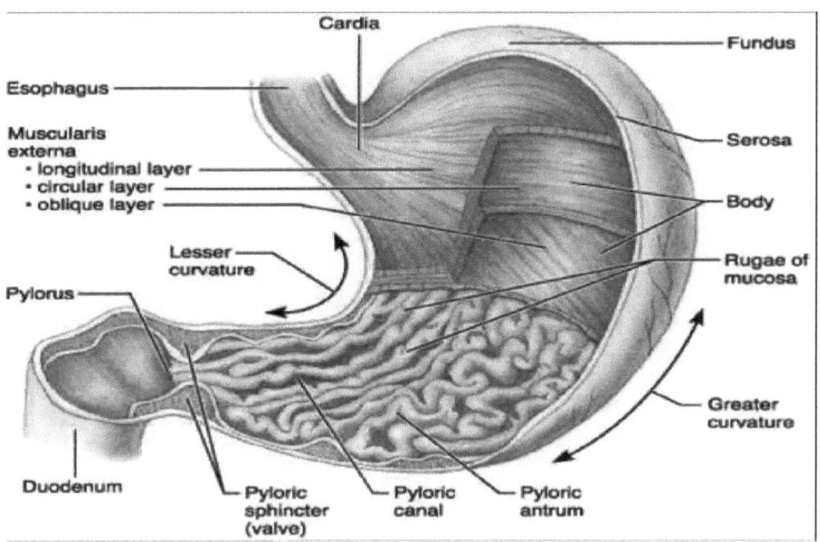

Figura 1: Anatomia do estômago

O termo cancro gástrico ou carcinoma gástrico refere-se ao adenocarcinoma do estômago, que representa cerca de 90% de todos os tumores malignos do estômago. As restantes lesões malignas do estômago são os linfomas gástricos (cerca de 2%-7%) que, na maioria dos casos, são linfomas do tecido linfoide associado à mucosa (conceito MALT) e outros tumores raros, como os tumores estromais gástricos (sarcomas) desenvolvidos a partir do músculo ou do tecido conjuntivo da parede do estômago e os tumores carcinóides **(Roterdão, 1989).**

O carcinoma gástrico é classificado clinicamente como estando em fase inicial ou avançada e, histologicamente, em subtipos baseados no componente morfológico principal. O esquema aprovado pela Associação Internacional do Cancro Gástrico separa os cancros gástricos em tipo I, tipo II e tipo III, para representar os tumores no esófago distal, na cárdia e no estômago distal à cárdia, respetivamente **(Siewert e Stein, 1998).** Esta classificação, no entanto, não definiu claramente os critérios para cada uma destas localizações anatómicas. Mais recentemente, a 7.ª edição da classificação TNM do American Joint Committee on Cancer (AJCC) simplificou a classificação do carcinoma do estômago proximal com base na localização do epicentro do tumor e na presença ou ausência de envolvimento da JEG **(Edge et al. 2010).** O tumor deve ser classificado como carcinoma do esófago se o seu epicentro se situar no esófago torácico inferior ou na JEG, ou nos 5 cm proximais do estômago (ou seja, na cárdia), com a massa tumoral a estender-se à JEG ou ao esófago distal. Se o epicentro for >5 cm distal à JEG, ou dentro de 5 cm da JEG mas não se estender à JEG ou ao esófago, é agrupado como carcinoma gástrico **(Edge et al. 2010).**

1.1. Carcinoma gástrico inicial e avançado

O carcinoma gástrico precoce é definido como um carcinoma invasivo confinado à mucosa e/ou submucosa, com ou sem metástases nos gânglios linfáticos, independentemente do tamanho do tumor **(Hamilton e Aatonen. 2000).** A maioria dos carcinomas gástricos precoces são pequenos, medindo 2 a 5 cm, e estão frequentemente localizados na curvatura menor à volta da angular. Alguns carcinomas gástricos precoces podem ser multifocais, o que indica frequentemente um pior prognóstico. Em termos gerais, o carcinoma gástrico precoce divide-se em Tipo f para o tumor com crescimento saliente, Tipo H com crescimento superficial, Tipo IH com crescimento escavado e Tipo IV para o crescimento infiltrativo com disseminação lateral. O tumor de tipo II é ainda dividido em IIa (elevado), IIb (plano) e IIc (deprimido), conforme proposto pela Sociedade Endoscópica Japonesa **(Murakami. 1971).** Uma classificação mais recente de Paris aprovou três padrões grosseiros para as lesões neoplásicas superficiais do trato gastrointestinal. Grosso modo e endoscopicamente, o tumor é classificado como Tipo O-I para crescimento polipoide (que é subcategorizado em O-Ip para crescimento pedunculado e O-Is para crescimento séssil), Tipo O-II para crescimento não polipoide (que é subcategorizado em Tipo O-IIa para crescimento ligeiramente elevado, Tipo O-IIb para crescimento plano e Tipo O-IIc para crescimento ligeiramente deprimido) e Tipo O-III para crescimento escavado **(GastrointestEndosc2003).**

Histologicamente, as formas mais comuns de carcinoma gástrico precoce são bem diferenciadas, na sua maioria com arquitetura tubular e papilar. O prognóstico do carcinoma gástrico precoce é excelente, com uma taxa de sobrevivência de 5 anos que atinge os 90% **(Everett e Axon 1997).** Em contrapartida, o carcinoma gástrico avançado que invade a muscularis propria ou mais além tem um prognóstico muito pior, com uma taxa de sobrevivência de 5 anos de cerca de 60% ou menos **(Yoshikawa e Maruyama. 1985)**. O aspeto grosseiro dos carcinomas gástricos avançados pode ser exofítico, ulcerado, infiltrativo ou combinado. Com base na classificação de Borrmann, o aspeto macroscópico dos carcinomas gástricos avançados pode ser dividido em tipo I para o crescimento polipoide, tipo II para o crescimento fungiforme, tipo III para o crescimento ulcerado e tipo IV para o crescimento difusamente infiltrativo, que também é referido como linitisplastica no carcinoma de células em anel de sinete, quando a maior parte da parede gástrica está envolvida por células tumorais infiltradas. Histologicamente, o carcinoma gástrico avançado demonstra frequentemente uma heterogeneidade arquitetónica e citológica acentuada, com vários padrões de crescimento histológico coexistentes.

1.2. Classificação histológica dos carcinomas gástricos

Histologicamente, o carcinoma gástrico apresenta uma heterogeneidade acentuada, tanto a nível arquitetónico como citológico, sendo frequente a coexistência de vários elementos histológicos. Ao longo do último meio século, a classificação histológica do carcinoma gástrico tem sido largamente baseada nos critérios de Lauren, em que o tipo intestinal e o adenocarcinoma de tipo difuso são os dois principais subtipos histológicos, mais o tipo indeterminado como variante pouco comum **(Hwang et al. 2010)**. As frequências relativas são de aproximadamente 54% para o tipo intestinal, 32% para o tipo difuso e 15% para o tipo indeterminado **(Polkowski et al. 1999)**. Há indicações de que o carcinoma gástrico de tipo difuso é mais frequentemente observado em indivíduos jovens e do sexo feminino **(Lauren .1965 ; Caldas et al. 1999)**, enquanto o adenocarcinoma de tipo intestinal está mais frequentemente associado à metaplasia intestinal e à infeção por Helicobacter pylori **(Kaneko et al.2001; Parsonnet et al.1991)**.

A classificação da OMS de 2010 reconhece quatro padrões histológicos principais de cancros gástricos: tubular, papilar, mucinoso e pouco coeso (incluindo o carcinoma de células em anel de sinete), para além de variantes histológicas pouco comuns **(Lauwers et al.2010)**. A classificação baseia-se no padrão histológico predominante do carcinoma, que frequentemente coexiste com elementos menos dominantes de outros padrões histológicos.

O adenocarcinoma tubular é o tipo histológico mais comum de carcinoma gástrico precoce. Tende a formar grosseiramente massas polipóides ou fungiformes e, histologicamente, apresenta túbulos irregularmente distendidos, fundidos ou ramificados de vários tamanhos, frequentemente com muco intraluminal, resíduos nucleares e inflamatórios.

O adenocarcinoma papilar é outra variante histológica comum, frequentemente observada no carcinoma gástrico inicial. Tende a afetar pessoas mais velhas, ocorre no estômago proximal e está frequentemente associado a metástases hepáticas e a uma maior taxa de envolvimento dos gânglios linfáticos. Histologicamente, é caracterizado por projecções epiteliais envoltas por um núcleo fibrovascular central.

O adenocarcinoma mucinoso representa 10% do carcinoma gástrico. Histologicamente, é caracterizado por poças mucinosas extracelulares que constituem pelo menos 50% do volume do tumor (<u>Figura 2</u>). As células tumorais podem formar uma arquitetura glandular e aglomerados celulares irregulares, com ocasionais células em anel de sinete dispersas que flutuam nas poças mucinosas.

O carcinoma de células em anel de sinete e outros carcinomas pouco coesos são frequentemente compostos por uma mistura de células em anel de sinete e células não em anel de sinete. As células tumorais não em anel de sinete pouco coesas são as que morfologicamente se assemelham a histiócitos, linfócitos e plasmócitos. Essas células tumorais podem formar microtúbulos irregulares ou glândulas abortivas semelhantes a rendas, muitas vezes acompanhadas de desmoplasia acentuada na parede gástrica e com uma superfície grosseiramente deprimida ou ulcerada. Quando ocorre na região antropilórica com envolvimento da serosa, o carcinoma tende a apresentar invasão linfovascular e metástases nos gânglios linfáticos. Uma vez que as células em anel de sinete e outros carcinomas pouco coesivos na região antroploriana têm uma propensão para invadir o duodeno através das vias submucosa e subserosa, incluindo os espaços linfáticos subseroso e submucoso, é necessário prestar especial atenção a essas vias quando é solicitada uma secção de congelação da margem distal no momento da ressecção cirúrgica.

Para além dos quatro subtipos histológicos principais acima referidos, a classificação da OMS também aprova outras variantes histológicas pouco comuns, como o carcinoma adenoescamoso, o carcinoma escamoso, o adenocarcinoma hepatóide, o carcinoma com estroma linfoide, o coriocarcinoma, carcinoma de células parietais, tumor rabdoide maligno, carcinoma mucoepidermóide, carcinoma de células de Paneth, carcinoma indiferenciado, carcinoma adeno-neuroendócrino misto, tumor do seio endodérmico, carcinoma embrionário, tumor puro do saco vitelino gástrico e adenocarcinoma oncocítico.

O carcinoma gástrico com estroma linfoide (carcinoma medular) é um dos subtipos mais raros. Ocorre mais frequentemente no estômago proximal e geralmente segue um curso clínico menos agressivo. Histologicamente, este tipo de carcinoma é caracterizado por margens avançadas nitidamente demarcadas, compostas por ninhos irregulares ou lâminas de células tumorais poligonais associadas a um infiltrado linfoide proeminente num estroma não desmoplásico. É interessante que mais de 80% dos carcinomas gástricos com estroma linfoide são positivos para o vírus Epstein-Barr (EBV) **(Wu et al. 2000; Wang et al. 1999)**, e o EBV só é identificado nas células malignas e displásicas, mas não nas células epiteliais normais **(Truong et al. 2009)**.

O carcinoma micropapilar do estômago é uma variante histológica recentemente reconhecida, caracterizada por pequenos aglomerados papilares de células tumorais sem um núcleo fibrovascular distinto (<u>Figura 6</u>). As caraterísticas micropapilares são frequentemente observadas no bordo de avanço profundo do tumor, rodeado por um espaço vazio que imita um artefacto de retração. O carcinoma micropapilar do estômago, tal como o seu homólogo noutros órgãos, tende a formar êmbolos tumorais endolinfáticos e a metastizar para os gânglios linfáticos.

2. **EPIDEMIOLOGIA:**

2.1. **Cenário mundial:**

Em meados da década de 1970, estimava-se que o cancro do estômago era o cancro mais frequentemente diagnosticado em todo o mundo, mas as quedas na incidência significam que atualmente ocupa o quarto lugar **(Ferlay et al. 2011; Parkin et al. 1984;1988; 1993;1999;2001)**. Em 2008, estima-se que 990 000 pessoas tenham sido diagnosticadas com cancro do estômago em todo o mundo, o que representa 8% do total. Há uma grande variação geográfica na incidência em todo o mundo, muita da qual está relacionada com diferenças na dieta e na infeção por *Helicobacter pylori* (que tem uma prevalência estimada de até 90% em partes do mundo em desenvolvimento).As taxas de incidência do cancro do estômago têm vindo a diminuir em todo o mundo há várias décadas. As razões para este declínio não são bem compreendidas, mas podem incluir melhorias na dieta, na conservação e no armazenamento dos alimentos (que estão associadas a quedas na prevalência da *Helicobacter pylori*). Em 2008, mais de 60% dos casos ocorreram na Ásia Oriental (72% no mundo em desenvolvimento em geral) **(Ferlay et al. 2011)**.

A incidência mundial do cancro do estômago é mais do dobro nos homens do que nas mulheres (rácio de taxa 2,2 : 1,0) **(Ferlay et al. 2011)**. Há uma variação de onze vezes nas taxas de incidência masculina entre as regiões do mundo, e uma variação de oito vezes nas taxas femininas **(Ferlay et al. 2011)**. Em 2008, as taxas de incidência mais elevadas para ambos os sexos foram registadas na Ásia Oriental (42 e 18 por 100 000 em homens e mulheres, respetivamente), e as mais baixas foram registadas na África do Norte e Austral (4 e 2 por 100 000 em homens e mulheres, respetivamente). Os países com as taxas de incidência mais elevadas em 2008 foram a República da Coreia para os homens (62 por 100 000) e a Guatemala e a República da Coreia para as mulheres (26 e 25 por 100 000, respetivamente). O Reino Unido foi o 99° país com a taxa mais elevada dos 184 países a nível mundial para os homens e o 136° país com a taxa mais elevada para as mulheres **(Ferlay et al. 2011)**.

O cancro do estômago é a segunda causa mais comum de morte por cancro em todo o mundo, estimando-se que seja responsável por um décimo, ou quase 740 000, de todas as mortes por cancro em 2008 **(Ferlay et al. 2011)**. As taxas de mortalidade por cancro do estômago seguem de perto a tendência das taxas de incidência (o rácio entre a mortalidade e a incidência foi de 0,75 em 2008), com uma variação semelhante das taxas entre as regiões do mundo **(Ferlay et al. 2011)**. O Reino Unido foi o 129.° país com a taxa mais elevada entre 184 países a nível mundial para os homens e o 151.° país com a taxa mais elevada para as mulheres **(Ferlay et al. 2011)**.

2.2. Cenário da Índia :

Os dados obtidos a partir dos Registos Nacionais de Cancro indicam que o cancro gástrico é um dos principais problemas nos Estados do Nordeste e do Sul do subcontinente indiano. As taxas de incidência ajustadas à idade do cancro do estômago no sexo masculino variam muito entre os registos, sendo a mais elevada de 11,1 por 100 000 em Chennai, em comparação com 1,6 por 100 000 em Bhopal **[Registo de Cancro de Bombaim]**. À semelhança das tendências do cancro do estômago a nível mundial, os registos indianos também observaram uma tendência decrescente estatisticamente significativa ao longo dos últimos 20 anos. O registo de Bombaim, com dados comparativos fiáveis sobre a mortalidade, refere um declínio nas taxas de mortalidade de 2,7 para as mulheres e 4,8 para os homens em 1994 **[Bombay Cancer Registry]** para 1,7 para as mulheres e 1,8 para os homens em 2005 **[Hohenbergos e Gretschel 2003]**.

2.3. **Cenário de Caxemira :**

O cancro do estômago é o principal cancro na Caxemira, com uma frequência média de 19,2%, seguido do esófago e do pulmão, com 16,5% e 14,6%, respetivamente. O cancro do estômago (23%) e o cancro do pulmão (21%) são os principais cancros nos homens, enquanto o cancro do esófago lidera (18,3%) nas mulheres, seguido do cancro da mama (16,6%). Os tumores que afectam o estômago e se estendem ao lúmen do esófago são considerados cancros gástricos. Uma descoberta interessante foi a presença de cerca de 30% de adenocarcinoma da junção GE entre a frequência total de cancros do estômago. Cerca de 21% dos cancros da junção GE eram de carcinoma de células escamosas de origem esofágica, enquanto cerca de 8% foram registados como adenocarcinoma de origem esofágica. As taxas padronizadas por idade (ASR) de incidência de cancro do estômago estão no topo da lista com 10,2 casos/100.000/ano, seguidas pelo cancro do esófago (9,4/100.000) e o cancro do pulmão é responsável pelo terceiro cancro incidente (7,8 casos/100.000/ano) **(Arshad e Siddiqi. 2012).**

3. **FACTORES DE RISCO :**

3.1. **Infeção por *H.pylori*:**

Desde que *a H. pylori* foi referida pela primeira vez por Marshall em 1983, foram reunidas provas relativas a este organismo e ao seu papel na etiologia do cancro gástrico **[Marshall BJ 1983]**. Em 1994, o Centro Internacional de Investigação do Cancro classificou *a H. pylori* como cancerígena para os seres humanos **[Centro Internacional de Investigação do Cancro. 1994]**. As provas que sustentam uma associação causal entre a *H. pylori* e o cancro gástrico podem ser encontradas em estudos ecológicos, estudos de caso-controlo e estudos de coortes prospectivos. Um estudo populacional internacional realizado pelo grupo de estudo Eurogast concluiu que os países com elevadas taxas de cancro gástrico têm normalmente uma elevada prevalência de infeção por *H. pylori* **[The Eurogast Study Group. 1993]**. A prevalência da infeção por *H. pylori* diminuiu nos países desenvolvidos nas últimas décadas, paralelamente à diminuição da incidência do cancro gástrico. Do mesmo modo, o excesso de cancro gástrico observado nas pessoas com um estatuto socioeconómico inferior é acompanhado por um excesso semelhante de infeção *por H. pylori* nestes grupos **[Banatvala et al. 1993; Webb e Forman. 1995]**. Alguns estudos de caso-controlo referiram associações significativas entre a positividade serológica da *H. pylori* e o risco global de cancro gástrico **[Sipponen et al. 1992; Kikuchi et al. 1995; Asaka et al. 1994]**, outros não referiram qualquer associação [**Li et al. 1993; Kuipers et al. 1993**], enquanto dois estudos referiram riscos significativamente aumentados de cancro não cardiológico, mas não de cancro cardiológico [**Talley et al. 1991; Hansson et al. 1993**].

Meta-análises de estudos prospectivos sugerem que o risco de cancro gástrico aumenta duas ou três vezes nas pessoas cronicamente infectadas com *H. pylori* [**Danesh. 1999; Eslick et al. 1999**]. Um outro estudo prospetivo de caso-controlo aninhado indicou uma associação significativa entre a infeção prévia por *H. pylori* e o adenocarcinoma gástrico em geral, mas nenhuma associação com o cancro da cárdia [**Siman et al. 1997**]. *A H. pylori* contribui para a causa do cancro gástrico através de mecanismos que incluem o desenvolvimento e a progressão da gastrite crónica. A infeção causa gastrite crónica em quase todos os indivíduos infectados e é responsável por quase todos os casos de gastrite crónica [**Kuipers et al.1995; Valle et al.1996**]. A gastrite *por H. pylori* pode progredir ao longo do tempo de uma forma inicialmente superficial não atrófica para formas mais graves [**Siurala et al. 1985; Sipponen. 1989**], incluindo gastrite atrófica grave com metaplasia intestinal numa pequena proporção de casos. A gastrite crónica está presente na grande maioria dos casos de cancro gástrico e está associada a um risco acrescido de desenvolver esta doença [**Sipponen et al. 1994**]. Esse risco aumenta com a gravidade da gastrite, com riscos relatados superiores a 10 vezes para a gastrite antral atrófica grave [**Sipponen et al. 1994; Sipponen et al. 1985**]. O cancro gástrico do tipo intestinal parece estar mais fortemente associado à gastrite atrófica grave, enquanto o tipo difuso é mais comum na gastrite não atrófica [**Sipponen et al. 1994**]. Existem agora fortes provas de um papel dos factores de virulência na carcinogénese da *H. pylori*. O fator de virulência Cag A está fortemente associado ao risco de adenocarcinoma, enquanto a sua ausência acarreta, no máximo, um baixo risco de adenocarcinoma difuso [**Parsonnet et al. 1997; Ponzetto et al. 1996**].

3.2. **Cirurgia gástrica**

O cancro gástrico foi detectado pela primeira vez em 1922, tendo havido numerosos relatórios sobre o assunto [**Stalnikowicz e Benbassat. 1990**]. Muitos estudos, incluindo grandes estudos de acompanhamento a longo prazo, apontam para um aumento do risco de cancro gástrico, especialmente 15 anos ou mais após a cirurgia gástrica [**Tersmette et al. 1995; Fisher et al. 1993; Tersmette et al. 1990; Molloy e Sonnenberg. 1997**]. A associação é mais forte para a gastrectomia efectuada por úlcera gástrica e menos persuasiva para a vagotomia ou para a gastrectomia efectuada por úlcera duodenal. A relação não se estende ao cancro da cárdia gástrica [**Molloy e Sonnenberg. 1997**]. Uma possível ligação é com a gastrite, um antecedente reconhecido do cancro. A gastrite localizada no antro, relacionada com a colonização por *H. pylori*, é caraterística da úlcera duodenal; a ressecção gástrica deixa uma mucosa normal, ao passo que a gastrite do corpo do estômago e do coto gástrico é caraterística da úlcera gástrica; assim, seria de esperar que a cárdia fosse poupada ao carcinoma ativo após uma gastrectectomia parcial por úlcera duodenal.

3.3. **Úlcera péptica**

A úlcera gástrica, a úlcera duodenal e o cancro gástrico têm todos como fator de risco comum a infeção por *H.pylori*. Por conseguinte, seria de esperar uma associação entre uma úlcera péptica prévia e um aumento do risco de cancro gástrico. No entanto, a ulceração duodenal tem sido inversamente associada ao risco de cancro gástrico [**Molloy e Sonnenberg. 1997**]. Embora estudos anteriores não tenham demonstrado qualquer risco acrescido a longo prazo em doentes com úlceras gástricas, provas recentes apoiam uma associação moderada com o cancro gástrico que não surge na cárdia [**Molloy e Sonnenberg. 1997; Lee et al. 1990; Hansson et al. 1996; Hole et al. 1987**]. Na tentativa de explicar este aparente paradoxo, Parsonnet argumentou que a infeção por *H. pylori* pode progredir para cancro gástrico ou úlcera duodenal, mas raramente para ambos [**Parsonnet. 1996**]. Sugeriu que outros factores, para além da infeção *por H. pylori*, devem promover uma doença enquanto militam contra a outra, nomeando como influências importantes as caraterísticas genéticas do hospedeiro e do organismo, os elementos exógenos e, particularmente, a altura da vida em que a infeção por *H. pylori* foi adquirida. A infeção precoce predispõe à gastrite atrófica e ao risco de cancro, mas reduz o risco de úlcera duodenal devido à diminuição da produção de ácido associada à gastrite. Com uma infeção mais tardia, a gastrite atrófica é menos provável e o risco de cancro gástrico é reduzido.

A questão de saber se o risco de carcinoma gástrico é alterado pela úlcera duodenal é controversa. Os únicos dados concretos comparam a úlcera duodenal com a úlcera gástrica, ambas caracterizadas por uma gastrite associada. Uma questão fundamental é saber se a taxa de adenocarcinoma após a úlcera duodenal é diferente da encontrada com uma mucosa gástrica normal; não existem dados disponíveis nem prováveis sobre esta questão. No entanto, a ausência de gastrite implica a ausência de *H. pylori*, e existem bons dados que indicam que as pessoas sem colonização por *H. pylori* têm um risco mínimo de carcinoma gástrico **[Uemura et al. 2001]**

3.4. **Factores alimentares**

Variações distintas na incidência e mortalidade do cancro gástrico, ao longo do tempo, entre e dentro de países, em diferentes grupos socioeconómicos e em migrantes e seus descendentes sugerem que a dieta pode ser etiologicamente importante e o seu papel tem sido extensivamente investigado com resultados inconclusivos.

3.5. **Frutas e legumes**

A hipótese alimentar dominante é que as frutas e os legumes frescos, ou os micronutrientes que contêm, protegem contra o cancro gástrico. Numerosos estudos mostraram, quase uniformemente, uma associação protetora com frutas e legumes frescos, independentemente de outros factores alimentares. A associação foi menos pronunciada em estudos de coorte limitados **[Kono e Hirohata. 1996]**. Os possíveis micronutrientes protectores incluem as vitaminas C (ascorbato) e E (alfatocoferol), os carotenóides (particularmente o beta-caroteno) e o selénio **[Kono e Hirohata. 1996]**. As provas são mais fortes para a vitamina C, com uma redução para cerca de metade do risco associado a um consumo elevado em comparação com um consumo baixo, demonstrado em estudos de controlo de casos **[Neugut et al. 1996]**. No entanto, um ensaio de intervenção de 5 anos, que envolveu 30 000 pessoas com idades compreendidas entre os 40 e os 69 anos na China, não demonstrou qualquer alteração no risco de cancro gástrico em indivíduos que receberam suplementos de vitamina C **[Blot et al. 1993]**.

3.6. **Sal**

A hipótese de que o consumo excessivo de sal poderia estar envolvido na etiologia do cancro do estômago foi apresentada pela primeira vez em 1965. Postulou-se que a utilização contínua de doses elevadas de sal resultaria numa gastrite atrófica precoce, aumentando assim o risco posterior de cancro do estômago **[Joossens et al. 1996]**. Desde essa altura, o consumo elevado de sal tem sido associado de forma razoavelmente consistente a um risco acrescido de cancro gástrico em estudos ecológicos e analíticos, embora faltem dados quantitativos de qualidade **[Joossens et al. 1996; Lee et al. 1995; Hansson et al. 1993; Ramon et al. 1993; Boeing et al. 1991; Graham et al. 1990]**.

3.7. **Nitritos e nitratos**

Muitos compostos N-nitrosos demonstraram ser cancerígenos em experiências com animais. Estes compostos podem ser formados no estômago humano a partir de nitritos ou nitratos da dieta. Daí a hipótese de uma dieta rica em nitritos ou nitratos poder predispor ao cancro gástrico. As principais fontes de nitrato e nitrito são os vegetais e as carnes conservadas, respetivamente. A água potável é uma fonte adicional de nitrato, mas geralmente contém nitrito insignificante. De um modo geral, a ingestão diária de nitratos é cerca de IOO vezes superior à de nitritos. Pequenas quantidades de compostos N-nitrosos pré-formados podem também estar contidas em alguns alimentos, incluindo carnes curadas **[Joossens et al. 1996; Lee et al. 1995; Hansson et al. 1993; Ramon et al. 1993; Boeing et al. 1991; Graham et al. 1990]**. Estudos de controlo de casos que examinaram a ingestão de nitratos na dieta e o risco de cancro gástrico encontraram consistentemente uma associação negativa. Nesses estudos, a ingestão de vegetais tem sido consistentemente relacionada com uma diminuição do risco de cancro gástrico. A ingestão de nitratos era provavelmente um índice da ingestão de vegetais e a associação negativa não é surpreendente nesse contexto **[Kono e Hirohata. 1996]**. Estudos de caso-controlo recentes referiram um aumento fraco e estatisticamente não significativo do risco de cancro gástrico (riscos relativos de 1,12 a 1,28) para uma ingestão elevada ou baixa de nitritos **[Buiatti et al. 1990; Hansson et al. 1994].** A ingestão de nitritos reflecte provavelmente o consumo de carnes conservadas, tipicamente alimentos com elevado teor de sal, pelo que é difícil isolar um efeito do consumo de nitritos. Outras provas sugerem que a interação dos componentes alimentares acima referidos é importante. Por exemplo, uma dieta rica em nitritos não parece conferir um risco acrescido se essa dieta for também rica em antioxidantes provenientes de frutos e legumes **[Buiatti et al. 1990]**.

3.8. **Outros factores dietéticos**

A literatura colectiva sobre a alimentação e o cancro gástrico fornece dados sobre um conjunto abrangente de grupos de alimentos, nutrientes, micronutrientes e métodos de armazenamento de alimentos. As dificuldades na recolha e interpretação destes dados limitam as conclusões que podem ser tiradas. O advento da refrigeração amplamente disponível, a consequente disponibilidade de alimentos frescos e a diminuição do consumo de alimentos conservados podem ter contribuído para o declínio da incidência do cancro gástrico na segunda metade deste século. Dixon salientou como as estirpes virulentas de *H. pylori* libertam metabolitos reactivos de oxigénio que podem destruir o tecido glandular vizinho, levando à atrofia glandular gástrica, acelerada por factores como o refluxo biliar ou uma ingestão elevada de sal, mas retardada por antioxidantes como o ácido ascórbico, o alfa-tocoferol, o beta-caroteno e a cisteína [**Dixon. 1997**].

3.9. **Radiação ionizante**

As melhores provas do papel das radiações ionizantes na etiologia do cancro gástrico provêm do estudo dos sobreviventes dos bombardeamentos atómicos de Hiroshima e Nagasaki. Num estudo prospetivo de incidência desta coorte de aproximadamente 80.000 pessoas, Thompson et al. identificaram mais de 2.600 casos de cancro gástrico [**Thompson et al. 1994**]. Observou-se um efeito linear de dose-resposta (P _.001) entre a dose de radiação e o risco de cancro gástrico, embora o excesso de risco fosse pequeno (0,32 a um Sievert, 95% CI, 0,16 a 0,50) e o risco atribuível fosse baixo (6,5%), no contexto de uma elevada taxa de fundo de cancro gástrico nesta população japonesa. Os estudos de pacientes submetidos a radiações terapêuticas na região do estômago para a úlcera péptica [**Griem et al. 1994**] (uma modalidade de tratamento utilizada desde o final dos anos 30 até meados dos anos 60) e para o cancro do testículo [**Moller et al. 1993; van Leeuwen et al. 1993**], também fornecem um apoio significativo a esta associação. Estes estudos sugerem um risco duas a quatro vezes maior em pacientes expostos a doses de radiação de 15 a 30 Gy. Os estudos de exposição profissional a radiações em radiologistas [**Wang et al. 1990**] e radiologistas [**Smith e Doll 1981; Matanoski et al. 1975**] não demonstraram riscos acrescidos, presumivelmente devido às doses de radiação muito mais baixas envolvidas em comparação com os sobreviventes da bomba atómica e os irradiados terapeuticamente. A diferenciação do risco com base no tipo de cancro gástrico não é possível a partir dos dados disponíveis.

3.10. **Anemia perniciosa**

Há muito que é reconhecida uma associação entre a anemia perniciosa e o cancro gástrico. No maior e mais recente estudo sobre este tema, Hsing et al. observaram um aumento de três vezes no risco de cancro gástrico numa coorte de 4.517 doentes com anemia perniciosa, seguidos durante 20 anos [**Hsing et al. 1993**].

3.11. **Fumar**

A relação entre o tabagismo e o cancro gástrico foi extensivamente examinada, mas permanece pouco clara; embora a maioria dos estudos tenha relatado uma associação fraca a moderada, alguns não encontraram nenhuma [**Hansson et al. 1994; McLaughlin et al. 1995; Ji et al. 1996**]. Nos estudos positivos, os riscos relativos aumentados comunicados foram geralmente inferiores a duas vezes, e apenas alguns estudos encontraram uma relação dose-resposta [**Hansson et al. 1994; McLaughlin et al. 1995; Ji et al. 1996**]. Uma limitação particular dos estudos disponíveis tem sido a falta de controlo de factores de confusão, particularmente a infeção por *H. pylori*, que está positivamente correlacionada com o tabagismo, e a ingestão de frutas e legumes, que está inversamente associada. A maior parte da evidência não permite qualquer diferenciação do risco por subsítio anatómico ou por tipo histológico. Um estudo de caso-controlo encontrou uma associação mais forte para o cancro da cárdia gástrica do que para outros tipos de cancro gástrico em várias categorias de tabagismo, enquanto outro não encontrou [**Ji et al. 1996; Unakami et al. 1989**].

3.12. **Álcool**

Uma revisão de 1994 das provas experimentais, descritivas e analíticas relacionadas com o álcool e o cancro gástrico encontrou poucos indícios de uma associação [**Franceschi e La Vecchia. 1994**]. Depois de examinarem mais de 50 estudos de coorte e de caso-controlo, na sua maioria negativos, os autores concluíram que era pouco provável que o consumo de álcool estivesse materialmente envolvido na etiologia do cancro gástrico. Posteriormente, os estudos não contestaram esta conclusão [**Hansson et al. 1994, Ji et al. 1996**]. Cinco estudos de caso-controlo não mostraram qualquer associação entre o consumo de álcool e o cancro da cárdia gástrica [**Ji et al. 1996, Unakami et al. 1989**] e um estudo mostrou uma duplicação do risco nos consumidores de álcool em relação aos não consumidores. [**Kabat et al. 2003**].

3.13. **Infeção pelo vírus Epstein-Barr**

O vírus Epstein-Barr foi isolado de adenocarcinomas gástricos e de carcinomas pouco diferenciados com infiltrado linfoide por vários investigadores. A infeção pelo vírus Epstein-Barr pode contribuir para o desenvolvimento do carcinoma gástrico, mas os dados são limitados.

3.14. **Amianto**

Vários estudos sobre trabalhadores expostos profissionalmente ao amianto apresentaram provas limitadas de uma associação [**Cocco et al. 1994; Frumkin e Berlin 1988**]. No entanto, problemas metodológicos lançam dúvidas sobre a associação. Um estudo de controlo de casos de mineiros e moleiros muito expostos ao amianto na Austrália Ocidental não encontrou qualquer associação entre a mortalidade por cancro gástrico e a intensidade da exposição, a duração do emprego ou o tempo decorrido desde o início do emprego **[de Klerk et al. 1989]**.

3.15. **Outros factores de risco**

O risco de cancro gástrico está aumentado em parentes de primeiro grau de pacientes com a doença em aproximadamente duas a três vezes **[Palli et al. 1994; La Vechhia et al. 1992; Lissowska et al. 1999]**. O agrupamento familiar da infeção por *H. pylori* pode contribuir para este risco; outros factores de risco sugeridos incluem o grupo sanguíneo A e pólipos gástricos. No entanto, a palavra final sobre hereditariedade no cancro gástrico pode muito bem ser o Estudo Escandinavo de Gémeos com 44.788 pares de gémeos nos registos de gémeos suecos, dinamarqueses e finlandeses **[Lichtenstein et al. 2000]**. Este estudo encontrou um risco aumentado de cancro gástrico no gémeo de uma pessoa afetada. O ajuste do modelo para avaliar a contribuição dos factores hereditários e ambientais revelou que os genes hereditários contribuíam com 28% (IC 95% 0-51%), os factores ambientais partilhados com1θ% (IC 95%, 0-34%) e os factores ambientais com 62% (IC 95%, 076%). O modelo estatístico utilizado apresentou um ajuste perfeito (P_1,0). Este facto pode ser significativo no que diz respeito ao papel da *H. pylori* . Uma revisão recente descreve o nosso conhecimento em desenvolvimento sobre as possibilidades quase ilimitadas de uma base hereditária para a resistência a organismos patogénicos **[Kwiatkowski 2000]**, permitindo um papel para o *H. pylori* tanto nas causas hereditárias como nas causas ambientais partilhadas do cancro gástrico.

4.   ETIOLOGIA DO CANCRO GÁSTRICO :

A patogénese do cancro gástrico representa um exemplo clássico de interações gene-ambiente **[Peek RM . 2002; Coussens e Werb 2002]**. Durante muitas décadas, estava bem estabelecido que o cancro se desenvolvia ao longo de fases histológicas e fisiopatológicas bem definidas. A inflamação crónica com atrofia gástrica demonstrou ser a entidade patológica mais importante, sendo a hipocloridria a anomalia fisiológica mais importante. Pensa-se que as dietas ricas em conservantes alimentares, como os sais e os nitratos, induzem a malignidade gástrica, ao passo que o aumento do consumo de alimentos que contenham antioxidantes naturais, como a fruta e os legumes frescos, pode retardar ou prevenir a doença. Pensa-se também que o álcool e o tabaco contribuem para a etiologia. A acloridria, a anemia perniciosa e o grupo sanguíneo A também estão associados a um maior risco de malignidade gástrica.

Os factores hereditários aumentam claramente o risco de cancro gástrico e esta neoplasia faz parte de uma série de síndromes familiares de cancro. A hipótese etiológica genética é apoiada pelo reconhecimento de que os doentes com cancro do cólon hereditário sem polipose e com polipose adenomatosa familiar correm um risco acrescido de desenvolver uma doença maligna no estômago. Após a descoberta do *H pylori*, tornou-se evidente que os factores etiológicos anteriores apenas representam uma pequena proporção dos casos e que a inflamação *induzida pelo H pylori* é responsável pela maioria dos cancros gástricos esporádicos.

4.1. MECANISMOS MOLECULARES DA CARCINOGÉNESE GÁSTRICA

Os factores bacterianos, ambientais e genéticos do hospedeiro acima referidos influenciam o desenvolvimento do carcinoma gástrico. Estes incluem anomalias de oncogenes, genes supressores de tumores, moléculas de adesão celular e reguladores do ciclo celular. Além disso, a instabilidade genética e as alterações nos factores de crescimento e nas citocinas contribuem para as complexas vias envolvidas na carcinogénese gástrica.

4.1.1. Oncogenes

Muitos proto-oncogenes são activados no carcinoma gástrico, com variações entre os diferentes subtipos histológicos. O gene *c-met*, que codifica um recetor para o fator de dispersão do fator de crescimento dos hepatócitos, está amplificado em 19% dos cancros gástricos do tipo intestinal e em 39% dos cancros gástricos do tipo difuso **[Kuniyasu et al. 1992]**. O oncogene K-sam (KATO-III cell-derived stomach cancer amplified) é também frequentemente ativado em carcinomas gástricos, e tem pelo menos quatro variantes transcricionais **[Katohetal. 1992]**.Uma delas, do tipo II, codifica um recetor para o fator de crescimento de queratinócitos. O K-sam está preferencialmente amplificado em 33% dos carcinomas gástricos avançados do tipo difuso ou escirroso, mas não nos cancros do tipo intestinal **[Hattori et al. 1990]**. A sobre-expressão deste gene no carcinoma gástrico está associada a um pior prognóstico.

Outro proto-oncogene, *c-erbB2*, está preferencialmente amplificado em 20% dos cancros gástricos do tipo intestinal, mas esta não é uma caraterística do tipo difuso **[Yokota et al. 1988]**. A sobre-expressão deste gene está também correlacionada com um pior prognóstico e metástases hepáticas **[Oda et al. 1990; Yonemura et al. 1991]**. As mutações do K-ras são observadas em adenocarcinomas gástricos do tipo intestinal e nas lesões precursoras metaplasia intestinal e adenomas [**Lee et al. 1995; Sano et al. 1991;Isogaki et al. 1999**]. A incidência desta mutação é baixa e não é uma caraterística dos carcinomas de tipo difuso.

4.1.2. Genes supressores de tumores

O gene supressor de tumores p53 é frequentemente inactivado no carcinoma gástrico por perda de heterozigotia (LOH), mutações missense e deleções por deslocamento de estrutura. Esta situação ocorre em mais de 60% dos cancros gástricos, independentemente do subtipo histológico, e é frequentemente observada em lesões precursoras como a metaplasia intestinal, a displasia e os adenomas [**Tamura et al. 1991; Tohdo et al. 1993; Sakurai et al. 1995; Ochiai et al. 1996**]. As mutações ocorrem geralmente em locais A:T nos carcinomas do tipo intestinal, sendo as transições GC-AT comuns nos carcinomas do tipo difuso [**Yokozaki et al. 1992**]. Estas transições GC-AT podem ser causadas por N-nitrosaminas cancerígenas que se encontram em vários géneros alimentícios e podem ser produzidas a partir de aminas e nitratos da dieta no ambiente gástrico ácido [**Sugimura et al. 1970; Mirvish SS. 1971**]. As mutações no códão 72 do exão 4 do gene p53 foram recentemente associadas a um risco acrescido de cancro gástrico distal [**Perez-Perez et al. 2005**]. O LOH do p73, um gene supressor de tumores relacionado com o p53, é detectado em 38% dos cancros gástricos, e as alterações deste gene são caraterísticas predominantes dos cancros gástricos do tipo foveolar com expressão de pS2 [**Yokozaki et al. 1999**]. pS2 é um fator trefoil específico do estômago, normalmente expresso nas células epiteliais foveolares gástricas. A inativação do gene pS2 resulta em displasia, adenoma e adenocarcinomas em ratos [**Masiakowski et al. 1982; Lefebvre et al. 1996**]. A redução ou perda do gene pS2 por metilação do ADN na região promotora ocorre na metaplasia intestinal e nos adenomas gástricos, sugerindo que este processo pode ser importante numa fase precoce do desenvolvimento do carcinoma gástrico de tipo intestinal [**Tahara E. 2004**].

As mutações do gene supressor de tumores APC, envolvido na polipose coli familiar, também são observadas no carcinoma gástrico de tipo intestinal [**Kinzler et al. 1991**]. Embora as mutações missense do gene APC sejam comuns no subtipo intestinal, ocorrendo em mais de 50% dos casos, não estão envolvidas nos cancros de tipo difuso. As mutações somáticas do gene APC são observadas em 20%-40% dos adenomas gástricos e em 6% das metaplasias intestinais [**Nakatsuru et al. 1992;1993**]. A expressão da β-catenina, que actua como um oncogene, é reforçada pela inativação do APC.

Um outro supressor tumoral é o recetor nuclear do ácido retinóico β (RARβ). A hipermetilação deste gene, com expressão reduzida, é observada em 64% dos cancros gástricos intestinais, mas tal não se verifica no subtipo difuso. As alterações adicionais do gene supressor de tumores incluem as que afectam loci cromossómicos distintos. Os LOH atlq e 7q estão frequentemente associados a cancros de tipo intestinal, enquanto o lp é frequentemente afetado em cancros difusos avançados. A LOH do gene bcl-2 também é frequentemente observada em cancros do tipo intestinal [Ayhan et al. 1994]. A família de genes *RUNX* é composta por três membros, *RUNXl/AMLl*, *RUNX2* e *RUNX3* [Ito Y. 2004]. Também codifica as subunidades α de ligação ao ADN do fator de transcrição do domínio Runt, a proteína 2 de ligação ao potenciador do poliomavírus (PEBP2)/fator de ligação ao núcleo (CBF), que é um fator de transcrição heterodimérico.

Da família RUNX, *o RUNX3* está envolvido na carcinogénese gástrica, sendo necessário para a supressão da proliferação celular no epitélio gástrico. O epitélio gástrico dos ratinhos *RUNX3* knockout apresenta hiperplasia, taxa reduzida de apoptose e sensibilidade reduzida ao TGFβl, o que sugere que a atividade supressora de tumores do *RUNX3* funciona a jusante do TGFβ

vias de sinalização. Nos seres humanos, a perda de *RUNX3* por hipermetilação da ilha CpG promotora é observada em vários tipos de cancro, incluindo 64% dos carcinomas gástricos. A metilação *do RUNX3* é também uma caraterística de 8% da gastrite crónica, 28% da metaplasia intestinal e 27%

dos adenomas gástricos [Kim et al. 2004]. Isto sugere que *o RUNX3* é um alvo para o silenciamento epigenético de genes na carcinogénese gástrica [Sakakura et al. 2005; Li et al. 2002]. Outros genes que parecem estar afectados na carcinogénese gástrica incluem o gene *FHIT* e a perda de heterozigotia no locus DCC, que é uma caraterística dos cancros do tipo intestinal [Tamura et al. 1997]. A hipometilação do promotor de um novo gene do antigénio do testículo do cancro, CAGE, foi recentemente descrita em 35% dos casos de gastrite crónica e em 78% dos casos de cancro gástrico [Cho et al. 2003]. A histona H4 é progressivamente desacetilada durante o desenvolvimento do cancro gástrico, e este é um evento comum tanto em cancros do tipo intestinal como do tipo difuso [Ono et al. 2002].

4.1.3. Moléculas de adesão celular e genes relacionados com a metástase

As moléculas de adesão celular podem atuar como supressores de tumores, com mutações no gene da E-caderina a ocorrerem preferencialmente em 50% dos carcinomas gástricos de tipo difuso **[Becker et al. 1994]**. Esta molécula de adesão celular homofílica pertence a uma família de moléculas de adesão célula-célula com um papel importante na adesão intercelular, estabelecendo a polaridade celular, mantendo a morfologia dos tecidos e a diferenciação celular em células normais **[Wijnhoven et al. 2000; Smith e Pignatelli 1997]**. A E-caderina liga-se ao citoesqueleto de actina através de uma série de proteínas catenina **[Tucker e Pignatelli 2000]**. Por conseguinte, as alterações na expressão da caderina-E têm um efeito direto na adesão celular, pelo que desempenham um papel importante no desenvolvimento do cancro. As mutações da E-caderina que afectam os exões 8 ou 9 induzem a morfologia dispersa, a diminuição da adesão celular e o aumento da motilidade celular dos cancros gástricos difusos **[Handschuh et al. 1999]**. Também foram observadas mutações na *β-catenina* e na *γ-catenina* em linhas celulares de cancro gástrico e, juntamente com as mutações da E-caderina, parecem estar envolvidas no desenvolvimento e na progressão de cancros difusos e do tipo schirrhous **[Kawanishi et al. 1995;Caca et al. 1999 ;Shibata et al. 1996]**. As transcrições anormais de CD44 estão frequentemente associadas a carcinomas gástricos e a depósitos metastáticos, variando o padrão destas transcrições anormais entre os subtipos intestinal e difuso [Yokozaki et al. 1994]. Todas as linhas celulares e tecidos de cancro gástrico apresentam transcrições anormais de CD44 que contêm a sequência do intrão 9 [Higashikawa et al. 1996]. Esta caraterística também é observada em 60% das metaplasias intestinais gástricas, mas está ausente na mucosa normal[Yoshida et al. 1995]. A osteopontina (OPN), um ligando proteico do CD44, está sobreexpressa em 73% dos carcinomas gástricos e, quando co-expressa com o CD44v9, correlaciona-se com a invasão linfática e as metástases **[Weber et al. 1996; Ue et al. 1998]**. A expressão reduzida de nm23, envolvida na ativação transcricional de c-myc, e de galectina-3, uma proteína de ligação a galactosídeos, está também implicada no carcinoma gástrico metastático **[Nakayama et al. 1993; Lotan et al. 1994]**.

4.1.4. Reguladores do ciclo celular

O regulador do ciclo celular, a ciclina E, está amplificado em 15%-20% dos carcinomas gástricos que estão associados à sua sobreexpressão. A amplificação do gene ou a sobreexpressão da ciclina E estão associadas à agressividade e às metástases nos gânglios linfáticos **[Akama et al. 1995]**. A expressão do inibidor de CDK p27, que se liga a uma grande variedade de complexos ciclina/CDK e inibe a atividade da quinase, é frequentemente reduzida no carcinoma gástrico avançado, enquanto se mantém na maioria dos adenomas gástricos e cancros iniciais **[Yasui et al.1997]**. A expressão reduzida de p27 está correlacionada com a invasão tumoral e a metástase nodal. Esta redução da p27 ocorre a nível pós-tradução e não resulta de anomalias genéticas, mas sim da degradação proteossómica mediada pela ubiquitina **[Yasui et al. 1999]**. Uma família de factores de transcrição E2F é um alvo importante das ciclinas/CDKs na transição G1/s. A sobre-expressão de E2F é observada em 40% dos cancros gástricos primários, e tende a ser co-expressa com a ciclina E **[Suzuki et al. 1999]**. A amplificação genética e a expressão anormal do gene E2F podem permitir o desenvolvimento do cancro gástrico.

4.1.5. Micosatélite e instabilidade cromossómica

A instabilidade de microssatélites (MSI) é uma caraterística da deficiência na reparação de erros de correspondência do ADN, que é uma das vias da carcinogénese gástrica. Os microssatélites são repetições curtas da sequência de ADN que se encontram dispersas pelo genoma humano e que ocorrem em quase todos os casos de cancro gástrico

associadas a mutações na linha germinal dos genes de reparação de desfasamentos (MMR) *hMSH2, hMLH1, hPMSl, hPMS2* e *MSH61GTBP* **[Thibodeau et al. 1996; Keller et al. 1996]**. Os erros que ocorrem nos mecanismos de reparação de erros de correspondência do ADN nas células tumorais podem causar a expansão e contração destas repetições. A MSI devida à inativação epigenética da *hMLH1* encontra-se em 15%-39% dos cancros esporádicos do tipo intestinal, 70% dos quais estão associados à perda de hMLH1 por hipermetilação do promotor **[Fleisher et al. 1999; Leung et al. 1999]**. Estes cancros do tipo intestinal com MSI ocorrem frequentemente em doentes mais velhos e surgem no antro. Estão associados à infiltração de linfócitos, a tumores múltiplos e a um prognóstico potencialmente favorável. A transcriptase reversa do telómero humano (hTERT) é um determinante importante da atividade da telomerase, a enzima que catalisa a síntese do ADN do telómero. A maioria dos carcinomas intestinais tem um comprimento de telómero reduzido, níveis elevados de atividade da telomerase e uma expressão significativa de hTERT **[Yasui et al. 1998]**. Mais de 50% das metaplasias intestinais expressam níveis baixos de atividade da telomerase, equivalentes a 10% da atividade no carcinoma gástrico **[Yasui et al. 1999]**. A hTERT não está regulada numa fase inicial da carcinogénese gástrica e o H pylori pode atuar como um fator de desencadeamento da hiperplasia nas "células estaminais" positivas para hTERT na metaplasia intestinal [Yasui et al. 1998].

4.1.6. Factores de crescimento e citocinas

As células do cancro gástrico expressam uma vasta gama de factores de crescimento e de citocinas que actuam através de mecanismos autócrinos, parácrinos e justácrinos. Mais uma vez, a expressão destes mediadores varia consoante o subtipo histológico. A família EGF, que inclui o EGF, o TGFα, o IGF II e o bFGF, está normalmente sobre-expressa no carcinoma do tipo intestinal. Entretanto, o TGFβ, o IGF II e o bFGF estão predominantemente sobreexpressos no subtipo difuso [Tahara E 2004]. A coexpressão de EGFR e cripto está bem correlacionada com a malignidade biológica, uma vez que estes factores induzem metaloproteinases [Yasui et al. 1988; Yoshida et al. 1990]. A sobre-expressão de cripto é

frequentemente associado à metaplasia intestinal e ao adenoma gástrico [Kuniyasu et al. 1991]. As células do cancro gástrico expressam neutrofilina-1 (NRP-I), um co-recetor para as células endoteliais do recetor 2 do VEGF [Akagi et al. 2003]. O EGF induz a expressão de NRP-1 e VEGF, sugerindo que a regulação da expressão de NRP-1 no cancro gástrico está intimamente associada ao sistema EGF/EGFR.

A interleucina-Ia é produzida por células inflamatórias e também por células do cancro gástrico. Actua como um fator de crescimento autócrino para as células do carcinoma gástrico e é importante na expressão do EGF e do recetor do EGF [Ito et al. 1993]. A interação entre a IL- Ia e o sistema de receptores EGF/actua para estimular o crescimento do cancro gástrico. A IL-6 também actua de forma autócrina para estimular as células do cancro gástrico. Tanto a IL-Ia como a IL-6 estimulam a expressão uma da outra pelas células tumorais. A IL-8, um membro da família de quimiocinas CXC, desempenha numerosos papéis na carcinogénese gástrica, sendo que mais de 80% dos tumores gástricos expressam esta citocina e o seu recetor [Kitadai et al. 1998; 2000]. A IL-8 aumenta a expressão do recetor do EGF, da colagenase do tipo IV (metaloproteinase (MMP)-9), do VEGF e do próprio ARNm da IL-8 pelas células do cancro gástrico, ao mesmo tempo que reduz a expressão do ARNm da E-caderina. O fator de crescimento negativo TGFβ é frequentemente sobre-expresso no carcinoma gástrico, particularmente nos carcinomas de tipo difuso com fibrose difusamente produtiva [Yoshida et al. 1989]. Os factores angiogénicos, como o fator de crescimento endotelial vascular (VEGF), o fator básico de crescimento dos fibroblastos (bFGF) e a IL-8, são produzidos pelas células tumorais e resultam em neovascularização no tecido do carcinoma gástrico. O VEGF promove a angiogénese e a progressão dos carcinomas gástricos, particularmente os do subtipo intestinal, enquanto o bFGF tem uma associação mais forte com o carcinoma gástrico difuso **[Yamamoto et al. 1998;Tanimoto et al. 1991]**. O HGF/SF (hepatocyte growth fator/ scatter fator) é produzido por células estromais estimuladas, como os fibroblastos, e funciona de forma parácrina como morfogénio ou motogénio. Verifica-se que vários dos mecanismos moleculares são distintos para o desenvolvimento do carcinoma gástrico do tipo intestinal e do tipo difuso, enquanto alguns são comuns a ambos. No que diz respeito à carcinogénese de tipo intestinal, existem três vias possíveis que conduzem ao desenvolvimento do carcinoma. Em primeiro lugar, a progressão através das lesões pré-cancerosas de metaplasia intestinal para adenoma e, finalmente, carcinoma. Em segundo lugar, a metaplasia intestinal pode evoluir diretamente para o carcinoma. A terceira via envolve o desenvolvimento de carcinoma gástrico de novo, sem qualquer estádio anterior.

4.2. **O PAPEL DA INFLAMAÇÃO NO CANCRO GÁSTRICO**

A inflamação crónica pode progredir a partir da inflamação aguda se o agente lesivo persistir, mas, na maior parte das vezes, a resposta é crónica desde o início. Em contraste com as alterações essencialmente vasculares da inflamação aguda, a inflamação crónica é caracterizada pela infiltração do tecido danificado por células mononucleares, como macrófagos, linfócitos e plasmócitos, juntamente com a destruição do tecido e tentativas de reparação. O macrófago é o principal interveniente na resposta inflamatória crónica. Isto deve-se ao grande número de produtos bioactivos que liberta. Estes mediadores fazem parte da poderosa defesa do organismo contra invasões e lesões. A desvantagem, no entanto, é que a ativação persistente ou patológica dos macrófagos pode resultar em danos contínuos nos tecidos. Este facto está subjacente a uma variedade de processos patológicos, desde a artrite reumatoide à aterosclerose.

Nos tumores, muitos dos tipos de células activas na inflamação crónica podem ser encontrados no estroma circundante e também no interior da própria neoplasia. Em 1891, os mastócitos foram descritos como achados histológicos na periferia do tumor e, atualmente, não há dúvida de que muitas neoplasias, particularmente as de origem epitelial, têm um componente celular inflamatório significativo.

Isto inclui um infiltrado leucocitário diversificado de macrófagos, neutrófilos, eosinófilos e mastócitos, frequentemente em associação com linfócitos (**Coussens e Werb. 2002**). Os macrófagos associados aos tumores estão dispersos por muitos tumores, enquanto a distribuição das células dendríticas pode variar consoante o seu nível de maturidade. Por exemplo, no cancro da mama, verificou-se que as células dendríticas maduras estavam confinadas à área peritumoral, enquanto as células dendríticas imaturas estavam dispersas na massa tumoral. As células dendríticas originam-se a partir de monócitos na presença do fator estimulador de colónias de granulócitos-macrófagos e de IL-4. As formas maduras são capazes de ativar linfócitos T, que por sua vez influenciam os tipos de células recrutadas para o tumor (**Coussens e Werb . 2002**).

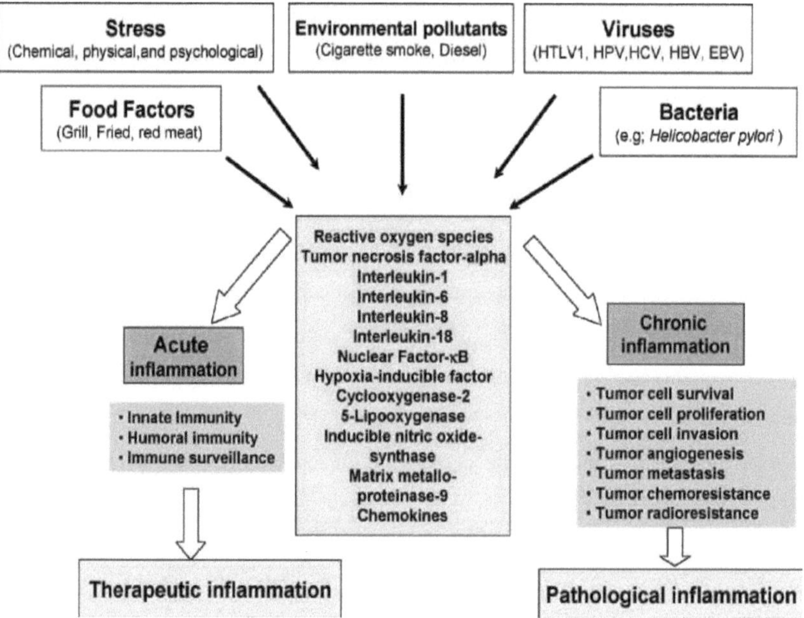

Diferentes faces da inflamação e o seu papel na tumorigénese.

Sabe-se que as células neoplásicas são capazes de atrair vários tipos diferentes de células para o microambiente tumoral através da secreção de proteases extracelulares, factores pró-angiogénicos e citocinas. A IL-IO é secretada tanto por células tumorais como por macrófagos e, entre outros efeitos, inibe as células T citotóxicas, contribuindo assim para suprimir a resposta imunitária contra o tumor (**Coussens e Werb . 2002**). As quimiocinas, que constituem a maior família de citocinas, são caracterizadas pela sua capacidade de induzir a migração e a ativação de leucócitos para locais específicos. Isto inclui o estroma tumoral e a quimiocina CC, a proteína quimiotáctica de macrófagos (MCP)-I, que demonstrou ser um determinante importante da infiltração de monócitos/macrófagos nos tumores. Também se verificou que as áreas epiteliais dos tumores expressam MCP-1, ao passo que outras quimiocinas, como a MIP-1_ e a MIP-1_ regulada pela ativação de células T normais, expressas e presumivelmente segregadas, podem ser detectadas no estroma e regular o infiltrado de outras células inflamatórias, incluindo as células T. Além disso, as quimiocinas podem estimular as células a libertar enzimas proteolíticas, auxiliando a digestão da matriz extracelular e proporcionando um caminho para uma maior migração de células inflamatórias, crescimento tumoral e metástases.

4.3. **Infeção** *por Hpylori*

A descoberta da infeção por *H pylori* no início dos anos oitenta constituiu um ponto de viragem na compreensão da patogénese do cancro gástrico **[Marshall BJ 1984]**. Embora a ligação entre *o Hpylori* e a úlcera péptica tenha sido estabelecida pouco depois de uma cultura bem sucedida da bactéria, a associação com o cancro gástrico demorou quase uma década até serem apresentadas provas credíveis. A principal razão para este atraso foi a incapacidade de demonstrar a presença de infeção ativa no tecido gástrico de doentes com cancro. Um grande avanço neste campo veio com o reconhecimento de que a infeção crónica por *H. pylori* induz alterações fisiológicas e morfológicas no meio gástrico que aumentam o risco de transformação neoplásica. É amplamente aceite que a infeção crónica por *Hpylori* induz hipocloridria e atrofia gástrica, ambas precursoras do cancro gástrico. A presença da infeção nas fases finais desta cascata não é, portanto, necessária para o desenvolvimento do cancro, uma vez que já ocorreram danos irreversíveis.

4.3.1. Microbiologia *QiHpylori*

O género *Helicobacter* é constituído por, pelo menos, 24 espécies presentes no trato gastrointestinal de animais e seres humanos. Uma destas espécies é o *H pylori*, um bacilo microaerófilo Gram-negativo, em forma de espiral, conhecido por infetar cronicamente mais de metade da população mundial **[Zarrilli e Ricci. 1999]**. Geralmente é adquirido na infância e, se não for tratado, pode persistir durante décadas no ambiente extremo do estômago humano **[Everhart JE 2000]**. A infeção pode ser adquirida através das vias fecal/oral ou gástrica/oral e, se não for tratada com antibióticos, pode persistir ao longo da vida. O organismo é não invasivo, não formador de esporos, medindo aproximadamente $3,5 \times 0,5$ micrómetros, com 4 a 6 flagelos unipolares **[Naito e Yoshikawa. 2002]**. Esses flagelos são protegidos por uma bainha contra danos causados pelo ambiente ácido do estômago. Isto permite à bactéria mover-se através da camada de muco no interior do estômago e residir entre esta camada e o epitélio gástrico **[Segal et al. 1997]**. Oitenta por cento dos bacilos são de vida livre, mas os restantes aderem firmemente às células subjacentes e induzem alterações ultra-estruturais na célula epitelial gástrica **[Zarrilli e Ricci. 1999; Parsonnet et al. 1994]**.

4.3.2. Papel dos factores de virulência bacteriana

Existem provas substanciais de que as diferenças genéticas desempenham um papel no resultado clínico da infeção por *H. pylori*, particularmente os genes associados à *virulência do H. pylori*, tais como *cagA*, *vac* A, *ice* A e *bab* A.

a) A ilha cag: O fator de virulência *do H pylori* mais bem caracterizado é a ilha de patogenicidade cag (*cag-PAI*), um ADN cromossómico de 40 kb, que contém aproximadamente 31 genes **[Tomb et al. 1997; Alm et al. 1999]**. Vários dos genes presentes na cag-PAI codificam componentes de um vírus de tipo IV

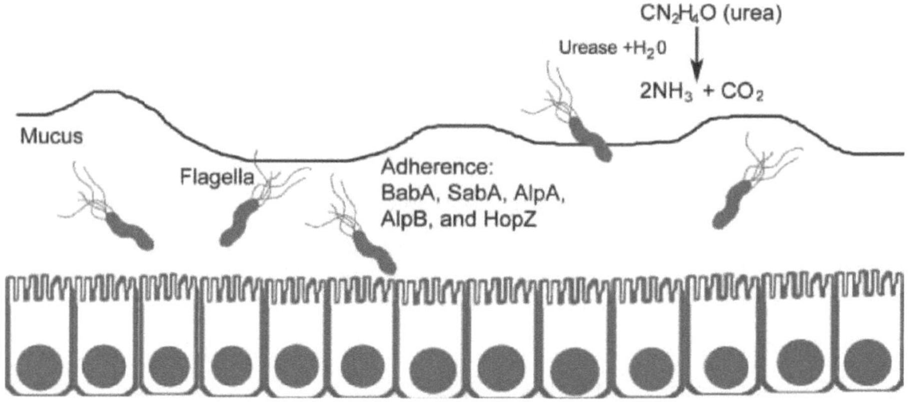

Factores de colonização da *H. pylori*. Vários factores bacterianos contribuem para a capacidade da *H. pylori* de colonizar o estômago. A urease contribui para a resistência ácida da *H. pylori*. Os flagelos permitem a motilidade bacteriana, o que permite a penetração bacteriana na camada de muco. Várias proteínas da membrana externa, incluindo BabA, SabA, AlpA, AlpB e HopZ, podem mediar a adesão bacteriana às células epiteliais gástricas.

sistema de secreção, que permite que o CagA (cytotoxin-associated gene A), um produto proteico de 120-130 kDa, e outras proteínas bacterianas codificadas pelo *cag-PAI* sejam injetados no citosol da célula epitelial **[Zarrilli e Ricci. 1999; Naito e Yoshikawa. 2002]**.

Depois de entrar na célula, o CagA é fosforilado e liga-se à tirosina fosfatase, que induz a secreção de IL-8, um potente fator quimiotático e ativador dos neutrófilos, através da ativação dos complexos do fator nuclear kappa B (NF-κB) **[Zarrilli e Ricci. 1999; Keates et al. 1999]**. O cag-PAI também induz a remodelação da superfície celular, incluindo a indução da formação de pedestais, a ativação do fator de transcrição AP-I e a expressão dos proto-oncogenes c-fos e c-jun por ativação da cascata ERK/MAP quinase **[Suerbaum et al. 2002; Stein et al. 2000]**. A CagA é estruturalmente caracterizada pela presença de sequências repetidas de 5 aminoácidos (Glu-Pro-Ile-Tyr-Ala), designadas motivos EPIYA, localizadas no terminal C da proteína **(Hatakeyama, 2004, 2006; Higashi et al., 2002a)**. Funcionalmente, os motivos EPIYA são os alvos de ligação de muitas proteínas da célula hospedeira, especialmente para a tirosina fosfatase com domínio de homologia Src 2 (SH2) (SHP-2) **(Higashi et al., 2002b; Higashi et al., 2005; Selbach et al., 2002; Stein et al., 2000, 2002; Tsutsumi et al., 2003)**. Foram definidos quatro motivos EPIYA diferentes (EPIYA-A, EPIYA-B, EPIYA-C e EPIYA-D) com base nas sequências de aminoácidos distintas que flanqueiam cada um deles. A partir do alinhamento destes motivos EPIYA, foram identificados dois tipos principais de proteína CagA. O tipo ocidental, que representa a CagA das estirpes de H. pylori prevalecentes na Europa, América, Austrália e África, contém EPIYA-A e EPIYA-B, seguidos de até cinco sequências repetidas de EPIYA-C. O tipo oriental, que representa o CagA das estirpes de H. pylori que circulam no Japão, Coreia e China, também possui EPIYA-A e EPIYA-B, mas o terceiro motivo é EPIYA-D em vez de EPIYA-C **(Hatakeyama, 2004, 2006; Higashi et al., 2002a)**. No citosol, CagA pode ser fosforilada **(Asahi et al. 2000; Backert et al., 2000; Odenbreit et al., 2000; Segai et al. 1999; Stein et al. 2000)** por **cinases** da família Src **(Asahi et al. 2000; Selbach et al, 2002; Stein et al. 2002)** e pode depois interagir com a fosfatase SHP-2 **(Higashi et al., 2002a, 2002b; Yamazaki et al. 2003)**, levando ao alongamento das células epiteliais e à formação do fenótipo "beija-flor" **(Backert et al. 2001; Segal et al. 1999; Segal et al. 1996)**. A fosforilação de CagA ocorre nos motivos de fosforilação da tirosina (TPM) que contêm a sequência EPIYA **(Asahi et al.2003; Higashi et al. 2002; Mimuro, 2002; Stein et al. 2000; Tsutsumi et al., 2003)**. As proteínas CagA apresentam variações de tamanho devido à presença de sequências repetidas que contêm o motivo EPIYA na região variável C-terminal (Azuma et al. 2002; **Covacci et al. 1993; Stein et al. 2002; Yamaoka et al. 1998)**. Estudos demonstraram que as proteínas CagA que possuem um maior número de repetições EPIYA aumentam a fosforilação da proteína (**Argent et al. 2004; Higashi et al. 2002; Stein et al. 2002),** aumentam a extensão da formação do fenótipo beija-flor (**Argent et al. 2004; Higashi et al. 2002**) e são mais susceptíveis de serem associadas ao desenvolvimento de cancro gástrico (**Azuma et al. 2002; Yamaoka et al. 1998).** A determinação do número de TPMs na região variável de CagA pode, por conseguinte, ser mais importante do que a determinação apenas da presença de cagA.

Foi sugerido que a variação considerável do número de motivos EPIYA-C ou -D repetidos determina a atividade biológica do CagA de forma dependente e independente da fosforilação (**Higashi et al., 2002).** Além disso, foi demonstrado que o número de motivos CagA EPIYA-C é um importante fator de risco de cancro entre as estirpes ocidentais. A partir de múltiplos estudos de investigação epidemiológica, é agora claro que a infeção com estirpes de H. pylori produtoras de CagA aumenta ainda mais o risco de cancro gástrico (**Brenner et al., 2004; Huang et al., 2003).** na carcinogénese gástrica (**Backert et al., 2000; Hatakeyama, 2004, 2006; Odenbreit et al., 2000).**

As estirpes *de Hpylori* que não contêm o *cag-PAI* ou que possuem genes *cag* mutados não induzem estas alterações ou fazem-no em muito menor grau [**Keates et al. 1999; Stein et al. 2000; Glocker et al. 1998].** As estirpes *de H pylori* podem ser divididas em 2 grupos com base na presença/ausência do *cag-PAI*: - estirpes do tipo 1, que possuem o *cag-PAI*, e do tipo 2 que não possuem. As estirpes do tipo 1 estão associadas a gastrite grave, úlcera péptica, atrofia gástrica e cancro gástrico não-cárdico, associando assim a presença do PAI a uma maior virulência [**Parsonnet et al. 1997; Cover et al. 1990; Peek et al. 1995].** Deve-se notar, no entanto, que nem todos os isolados do tipo 1 contêm o PAI completo. A infeção com uma estirpe que expressa cagA está também associada a uma apoptose reduzida, ao passo que a infeção com uma estirpe cagA negativa está associada a um aumento da apoptose.

Por conseguinte, a cagA pode atuar para inibir a morte celular programada do epitélio gástrico. . Minohara et al. avaliaram o efeito das propriedades bacterianas, em particular a presença da ilha de patogenicidade cag (PAI), na apoptose [**Minohara et al.2007].** Mostraram que, embora as estirpes cag - PAI-negativas induzissem a apoptose, a expressão de cag PAI promovia a apoptose mais rapidamente e aumentava a fragmentação do ADN nas células epiteliais gástricas. Estes resultados sugerem que o genótipo das bactérias infectantes pode ter impacto na taxa de apoptose e, por conseguinte, no processo carcinogénico. [Vários estudos recentes centraram-se nas vias de sinalização intracelular afectadas pelas interações bactéria-célula-hospedeiro e exploraram as alterações genéticas (ou epigenéticas) do hospedeiro que ocorrem devido à infeção bacteriana e à inflamação crónica. Snider et al. demonstraram pela primeira vez uma estimulação da motilidade dependente de CagAd em células AGS infectadas com H. pylori **[Snider et al.2008]**. Este efeito foi dependente do sistema de secreção tipo IV da bactéria (TFSS) e foi mediado pela ativação da JNK que ocorre através da β 1-integrina e da sinalização Src. É importante notar que foi necessária uma combinação de sinalização dependente e independente de CagA para estimular a motilidade das células cancerígenas. Embora ambas fossem necessárias, nenhuma foi suficiente para alterar o fenótipo. Estes dados demonstram que o TFSS pode desempenhar um papel mais importante na fisiologia da célula hospedeira do que apenas a entrega de CagA da bactéria para o citoplasma da célula hospedeira. São necessários mais estudos para avaliar o âmbito da sinalização independente de CagA e para identificar outros intervenientes da célula hospedeira que participem na motilidade celular e contribuam para a progressão do CG. Noutro trabalho, foi demonstrado que a principal via apoptótica induzida por H. pylori nas células do CG é a via mitocondrial e requer a ativação de caspases-3 e -9 **[Zhang et al. 2007]**. Foi descrito que a H. pylori prejudica o complexo de adesão celular E-caderina-β-catenina, levando à ativação aberrante da β-catenina num modelo animal, estando assim envolvida na progressão da metaplasia intestinal pré-cancerosa **[Murata-Kamiya et al. 2007]**. Foi agora demonstrado que a desregulação da sinalização da B -catenina depende da região EPIYA de CagA (sequência de multimerização de CagA) **[Kurashima et al. 2008]**. Embora esta região seja variável entre CagA de estirpes de H. pylori isoladas em países ocidentais e orientais, a ativação da β-catenina foi mediada por uma sequência de 16 aminoácidos que é conservada entre os dois subgrupos geográficos. Por fim, foi também demonstrado que a desregulação da B -catenina não dependia da fosforilação da tirosina CagA. As MMPs (metaloproteinases da matriz), pelo facto de poderem digerir o tecido conjuntivo extracelular, têm o potencial de perturbar o estroma gástrico e promover a invasão **[Visse e Nagase.2003]**. Pillinger et al. registaram a secreção de MMP-1 em células epiteliais gástricas estimuladas por H. pylori **[Pillinger et al. 2007]**. A estimulação observada envolveu mecanismos dependentes e independentes de CagA e foi mediada por ERK e inibida por p38. Além disso, as vias através das quais as estirpes Cag A+ e Cag A- activavam as ERK eram, pelo menos parcialmente, distintas. Por fim, foi demonstrado que CagA e, em particular, o motivo EPIYA eram necessários para a ativação óptima de ERK e a secreção de MMP-I [**Jackson et al. 2007**]. A ativação de STAT3, mas não de ERK 1/2, foi conseguida em menor grau pelas estirpes CagA-de H. pylori, o que sugere que a sinalização de STAT pode ser conduzida por outros factores bacterianos. Esta ativação diferencial poderia, em parte, explicar a maior predisposição para a GC associada às estirpes H. pylori CagA+, em particular porque o aumento da ativação de STAT3 e ERK 1/2 poderia conduzir à renovação das células epiteliais.

Modelo animal de malignidade induzida por CagA

As estirpes de H. pylori que possuem o gene cagA estão associadas a um risco acrescido de malignidade gástrica, em comparação com as estirpes cagA-negativas. Foi referido que o cagA interage com várias moléculas-alvo nas células hospedeiras; a mais bem estudada é o domínio citoplasmático Src homologia 2 da Src homologia 2 fosfatase (SHP-2). Estudos in vitro mostraram que a sinalização induzida por CagA fosforilado através de SHP-2 é um passo crucial na carcinogénese induzida por H. pylori. Ohnishi et al. relataram a primeira prova de que a proteína CagA por si só é capaz de induzir tumores in vivo utilizando um modelo de ratinhos transgénicos CagA [**Ohnishi et al. 2008**]. Construíram ratinhos que expressavam a proteína CagA de tipo selvagem ou a proteína CagA resistente à fosforilação, quer predominantemente no estômago quer em todo o corpo. Aproximadamente 10% dos ratinhos CagAtransgénicos de tipo selvagem apresentaram pólipos hiperplásicos gástricos e cerca de 1% deles desenvolveram cancros gástricos ou do intestino delgado após 72 semanas de observação, independentemente de a CagA ter sido dirigida especificamente para o estômago ou para todo o corpo. A expressão sistémica de CagA de tipo selvagem induziu ainda leucemias num pequeno número de ratinhos. É importante notar que tais anomalias patológicas não foram observadas em ratinhos transgénicos que expressam CagA resistente à fosforilação, confirmando a importância da sinalização induzida por CagA fosforilado na carcinogénese induzida por H. pylori. Este elegante estudo mostrou evidências que indicavam o papel de CagA como uma oncoproteína derivada da bactéria; no entanto, notou-se que apenas uma pequena minoria dos ratinhos transgénicos desenvolveu tumores, indicando que CagA em si é apenas uma oncoproteína fraca e que outros factores contribuem provavelmente para a carcinogénese em infecções por H. pylori. **b) gene vac A:** O gene *vac* A codifica a expressão de uma citotoxina vacuolante VacA, que induz a formação de vacúolos em células eucarióticas e estimula a apoptose das células epiteliais [**Peek et al. 1999; Kucket al. 2001**]. A toxina insere-se na membrana da célula epitelial, formando um canal dependente da voltagem através do qual o bicarbonato e os aniões orgânicos podem ser libertados. Ao contrário do *cag* -PAI, todas as estirpes *de H pylori* possuem o gene *vac* A, embora apenas cerca de 50% das estirpes expressem a proteína VacA. As diferenças na expressão devem-se à variação da sequência do gene **[Peek RM. 2002]**. Foram identificadas duas regiões polimórficas principais: a região de sinal (que pode ser do tipo sl ou s2) e a região média (do tipo ml ou m2) **[Atherton et al. 1995]**. A malignidade está associada a estirpes sl/ml, embora algumas estirpes sl/m2 tenham sido isoladas de casos de CG **[Figueiredo et al. 2001]**. O conhecimento atual sobre este assunto foi impulsionado pelo trabalho de Rhead et al. **[Rhead et al. 2008]**, que identificaram um novo local polimórfico vacA, designado como a região intermédia (i), e dois tipos de sequência (il e i2). Eles mostraram que as cepas sl/ml eram exclusivamente il e s2/m2 eram exclusivamente i2. Além disso, as estirpes il incluíam todas as estirpes sl/mland e todas as estirpes sl/m2 com atividade vacuolante. De forma significativa, este estudo demonstrou uma associação de il com GC em 73 pacientes do Irão. Além disso, após uma análise de regressão logística de vacA , apenas a região I foi determinada como um marcador independente de CG. Estes resultados, embora necessitem de confirmação adicional noutras populações, sugerem que a tipagem da região I pode ser suficiente para a identificação de todas as formas patogénicas de vacA e pode ser muito útil para a prevenção do cancro. O primeiro Consenso sobre o Carcinoma Gástrico da Ásia-Pacífico analisou os dados disponíveis relativos ao H. pylori e ao desenvolvimento do CG e recomendou a realização de um rastreio de base populacional e o tratamento do H. pylori, em particular em populações de alto risco **[Talley et al. 2008]**.

A interação bactéria-célula hospedeira é uma relação dinâmica de coevolução que proporciona um microhabitat intracelular à H. pylori, mas que também pode afetar o risco de transformação maligna.

Os seres humanos infectados com *H pylori* que expressam VacA demonstram um maior grau de gastrite do que as estirpes que não expressam. A infeção por *H pylori* está invariavelmente associada a uma proliferação elevada de células epiteliais gástricas, que se pensa ser uma consequência dos danos epiteliais. gene bab A: O gene *babA* codifica uma proteína de membrana externa BabA, que se liga ao antigénio fucosilado do grupo sanguíneo Lewis B nas células gástricas **[Everhart. 2000; Ilver et al. 1998]**. As estirpes que expressam BabA aderem mais firmemente às células epiteliais gástricas e existem provas significativas de que a expressão de BabA pode influenciar a gravidade da doença **[Everhart. 2000]**. As estirpes de *H pylori* que possuem *bab* A, *vac* A e *cagA* apresentam o risco mais elevado de cancro gástrico [**Everhart. 2000**].

c) gene ice A: Foi descrito um outro fator de virulência putativo - *ice* A (induzido pelo contacto com o epitélio) compreende duas variantes principais *iceA1* e *ice* A *2* [**Peek et al. 1998**]. No entanto, a função do *ice* A *2* não está atualmente definida [**Figueiredo et al. 2002**]. Foi encontrada uma homologia significativa entre o gene *ice A1* e o *nlaIII*, uma endonuclease de restrição do tipo II da *Neisseria Iactamica*. A expressão de *ice A1* é regulada positivamente pelo contacto de *Hpylori* com células epiteliais gástricas humanas e, em algumas populações, está associada à doença da úlcera péptica.

4.3.3. Adaptação da *Hpylori* ao ambiente gástrico

Embora o *H pylori* esteja bem equipado para colonizar o ambiente gástrico ácido inóspito, é essencialmente um neutrófilo que cresce melhor a um pH entre 6,0 e 8,0 [**Segal et al. 1997**]. Para tal, *a H pylori* está equipada com vários factores que lhe permitem colonizar e escapar às defesas do hospedeiro, incluindo a resposta imunitária. *A H pylori* possui uma enzima urease que lhe permite hidrolisar a ureia gástrica em amoníaco e dióxido de carbono. Este facto permite à *Hpylori* manter um pH interno e periplasmático constante, mesmo na presença de uma concentração externa de H+ muito elevada. Além disso, *a H pylori* exprime uma proteína de transporte de ureia (UreI) com propriedades únicas dependentes de ácido que atenua a taxa de entrada de ureia no citoplasma [**Suerbaum S. 2000**]. A combinação de uma urease de pH neutro ótimo e de um canal de ureia regulado por ácido explica por que razão *o H pylori* é único na sua capacidade de habitar o estômago humano [**Scott et al. 1998; Weeks et al. 2000**]. De facto, os mutantes isogénicos de *Hpylori* com urease negativa são incapazes de colonizar a mucosa gástrica [**Eaton etal. 1994**]. Para conservar energia e recursos, *a H pylori* procura um nicho que não desafie constantemente a sua maquinaria de resistência aos ácidos e de adaptação aos ácidos. Isto explica porque é que a colonização inicial é máxima na parte antral do estômago, uma região com um pH mais elevado do que a mucosa do corpo do estômago, produtora de ácido. Isto também explica porque é que a distribuição da infeção muda quando a secreção de ácido gástrico é inibida por meios farmacológicos. Nestas circunstâncias, *o H. pylori* e a inflamação que lhe está associada propagam-se para envolver a mucosa do corpo gástrico, até então protegida.

4.3.4. Papel *do HpylorVs* na doença gástrica

Desde o início do século XX, sabe-se que podem ocorrer diferentes padrões de gastrite após a infeção *por H pylori*, o que acaba por resultar em diferentes resultados clínicos. A maioria dos indivíduos infectados com *H pylori* desenvolve uma pangastrite ligeira, uma condição que não altera negativamente a fisiologia gástrica e não está associada a doença significativa. A gastrite de predomínio antral está associada a hipercloridria, que acarreta um baixo risco de desenvolvimento de cancro gástrico, mas um elevado risco de desenvolvimento de úlcera duodenal **[Hansson et al. 1996].** Em contrapartida, a gastrite predominante do corpo, que conduz a hipocloridria e atrofia gástrica, acarreta um risco acrescido de cancro gástrico [Uemura et al. 2001].

Pensa-se que, após o desenvolvimento do ambiente gástrico atrófico hipoclorídrico, outras bactérias, como as bactérias fixadoras de azoto, são capazes de colonizar. Estas bactérias produzem compostos N-nitroso cancerígenos através da conversão de nitratos, e pensa-se que a crescente pressão mutagénica e genotóxica, juntamente com a falta de sequestradores de radicais livres, conduz à progressão do cancro gástrico. Muita da investigação centrou-se nas diferenças entre estirpes de *H pylori*, tais como os factores de virulência, como fonte da especificidade da doença. No entanto, embora estes factores contribuam indubitavelmente para a gravidade da doença, não definem o resultado clínico **[Graham e Yamaoka .2000].** Isto levou à investigação de outros factores que poderiam afetar a resposta de um indivíduo à infeção por *Hpylori*. Estes factores incluem factores ambientais e genéticos do hospedeiro.

4.4. MECANISMOS DO TUMOR ASSOCIADO À INFLAMAÇÃO DESENVOLVIMENTO NO TRACTO GASTROINTESTINAL

Estes mecanismos incluem danos diretos no ADN, inibição da apoptose, subversão da imunidade e estimulação da angiogénese. Além disso, sabe-se que a inflamação crónica no trato gastrointestinal também afecta a proliferação, a adesão e a transformação celular.

A desregulação da proliferação celular é uma das caraterísticas das células cancerígenas e é o resultado da interação entre uma variedade de factores endógenos e exógenos que estão activos durante o processo inflamatório. Estes incluem o conteúdo luminal, bactérias, citocinas inflamatórias e mediadores como as metaloproteinases da matriz. A irritação mecânica direta também pode levar à proliferação epitelial e, quando esta é combinada com os efeitos de um estímulo inflamatório adicional, como uma bactéria, por exemplo, a hiperproliferação resultante pode levar o tecido a avançar na via do cancro. A infeção por *H. pylori*, embora inicialmente aumente a apoptose, acaba por conduzir a uma proliferação compensatória (**Yanai et al. 2003**). As vias através das quais *a H. pylori* pode influenciar a apoptose incluem as que envolvem a COX-2 e o recetor ativado por proliferador de peroxissoma-_ (**Gupta et al. 2001**). As citocinas pró-inflamatórias, particularmente o TNF-_, também são capazes de modular a apoptose através da alteração dos níveis das proteínas pró e antiapoptóticas Bcl-2 e Bax. Para além de afectarem a proliferação e a apoptose, os mesmos mediadores têm impacto na adesão celular e na angiogénese. As células cancerosas que respondem às citocinas pró-inflamatórias libertadas pelos macrófagos podem explorar o mesmo mecanismo utilizado pelos leucócitos para migrar através da vasculatura. A expressão de moléculas de adesão celular aumenta quando as células cancerosas do cólon são expostas a LPS, tendo sido igualmente demonstrado que a COX-2 promove a adesão celular (**Sutton et al. 2000; Tsujii e DuBois 1995**).

Os macrófagos são fontes importantes de VEGF, e estudos demonstraram que este pode ser aumentado nos tumores pela resposta imunitária humoral antitumoral (**Barbera-Guillem et al. 2002**). Assim, um ambiente Th2 promove a angiogénese e, inversamente, as respostas imunitárias CMI/Th1 tendem a ser inibitórias. Embora a infeção e a inflamação gerem inicialmente citocinas Th1, pode desenvolver-se na neoplasia um ciclo que envolve a regulação positiva de citocinas Th2 mediada pela COX-2 e a subsequente regulação negativa crónica da resposta imunitária Th1/CMI. Isto é elegantemente ilustrado por Dalgleish e O'Byrne (**Dalgleish e O'Byrne 2002**) na sua revisão da ativação imunitária crónica e da inflamação como causa de malignidade. A transição para um ambiente imunitário predominantemente Th2 favorece a angiogénese, e a própria COX-2 tem atividade pró-angiogénica. A hipóxia é um potente indutor de VEGF, mediado pelo fator de transcrição fator induzido pela hipóxia - 1_ (HIF-1_). O gene do VEGF contém vários locais de ligação ao HIF-1_ na sua região reguladora, e o HIF-1_ é capaz de ativar o promotor do VEGF. Liu e colegas (**Liu et al. 2002**) demonstraram que a produção de PGE2 através de vias catalisadas por COX-2 desempenha um papel crítico na regulação de HIF-1_ por hipoxia. Mostraram que os tumores tratados com um inibidor da COX-2 eram mais pequenos, com um aumento da apoptose, uma diminuição da densidade dos microvasos e uma diminuição dos níveis de VEGF no tumor. As ROS, o NO, certas citocinas e os factores de crescimento são também reguladores da expressão de HIF-1_, o que pode explicar a sua atividade pró-angiogénica. A importância do HIF-l_ na inflamação foi destacada por Cramer et al. **(Cramer et al. 2003)**, que revelaram que controla a vermelhidão e o inchaço dos tecidos lesionados e a capacidade dos leucócitos de entrarem nas áreas inflamadas. Na baixa concentração de oxigénio do tecido lesionado, inflamado ou neoplásico, o HIF-1_ é necessário para gerar ATP nos leucócitos e, assim, permitir o seu funcionamento. Também aumenta a produção de NO, que actua de novo para aumentar ainda mais a atividade do HIF-1_. Assim, actuando através do HIF-1_ num ambiente hipóxico, vários mediadores inflamatórios, incluindo factores de crescimento, NO, citocinas, quimiocinas, COX-2 e seus produtos, podem "ativar" a angiogénese. Podem fazê-lo através da geração de VEGF, direta ou indiretamente, e podem também ajudar o processo através da ativação de outros factores, como as proteases, que degradam a matriz extracelular. Assim, não é difícil perceber que, na inflamação crónica do trato gastrointestinal, o desenvolvimento de zonas hipóxicas pode aumentar a produção de estímulos pró-angiogénicos que fazem pender a balança a favor da angiogénese e conduzem ainda mais os tecidos para a carcinogénese.

Por último, para além do impacto na proliferação celular, na apoptose, na adesão e na angiogénese, os estímulos e mediadores da inflamação crónica podem provocar a transformação celular. Sabe-se que vários vírus, como o HBV, o Epstein-Barr e o HPV, se ligam diretamente a determinados genes e afectam a atividade de proteínas, incluindo factores de transcrição e oncogenes. Os modelos animais também demonstraram que as bactérias podem provocar alterações ultra-estruturais no epitélio do cólon e subsequente hiperplasia **(Luperchio e Schauer. 2001)**. Isto pode preceder o desenvolvimento de adenomas do cólon.

4.4.1. MECANISMO DE ACTIVAÇÃO DE NF-KB INDUZIDO POR H PYLORI

As espécies reactivas de oxigénio (ROS), a COX-2 e as citocinas interagem de forma complexa no desenvolvimento e na progressão de um ambiente inflamatório. Partilham várias vias intracelulares e mediadores através dos quais são exercidos os seus efeitos fisiológicos e patológicos. Um desses mediadores é o NF-_B, um fator de transcrição ubíquo envolvido na regulação de vários genes inflamatórios, apoptóticos e oncogénicos. Tem sido frequentemente descrito como um mediador central da resposta imunitária, sobretudo porque uma grande variedade de bactérias e vírus pode levar à sua ativação. A ativação do NF-_B leva à expressão de citocinas inflamatórias, quimiocinas, receptores imunitários e moléculas de adesão à superfície celular. Outras provas que apoiam o papel da inflamação no início e na promoção de doenças malignas gastrointestinais provêm do facto de a expressão constitutiva do NF-_B ter sido identificada em várias doenças malignas gastrointestinais (GI), incluindo o carcinoma hepatocelular e o cancro colorrectal.

Sabe-se que *o H pylori* é um potente ativador do NF-κB nas células epiteliais gástricas [**Mori et al. 2000; Keates et al. 1997; Maeda et al. 2000; Isomoto et al. 2000**]. A infeção por *H. pylori* provoca a ativação da via do NF-κB através de uma variedade de mecanismos. A ativação do NF-κB pelo *H pylori* induz a translocação nuclear, o que provoca um aumento dos níveis de ARN mensageiro e de proteína da IL-8 [**Sharma et al. 1998**]. Isto tem implicações importantes, uma vez que outros genes que respondem ao NF-κB, incluindo citocinas pró-inflamatórias, foram encontrados em níveis elevados na mucosa gástrica infetada com *H pylori*. Sabe-se que a ativação do NF-κB regula as respostas de crescimento celular, incluindo a apoptose, e é necessária para a indução de genes inflamatórios e de reparação de tecidos, incluindo a proteína inflamatória de macrófagos (MfP)-2, a metaloproteinase 3 (MMP3) e o fator de crescimento endotelial vascular (VEGF). A via NF-κB também é responsável pela geração de várias moléculas de adesão celular, incluindo ICAM-I, cuja expressão está significativamente correlacionada com um aumento na gastrite induzida por *H pylori* [**Hatz et al. 1997**].

O lipopolissacárido (LPS), que é um componente da membrana externa das bactérias Gram-negativas, incluindo *o H pylori,* é uma molécula de sinalização para o sistema imunitário inato e é a principal fonte de inflamação nas infecções Gram-negativas [**Kiechl et al. 2002**]. O LPS tem como alvo o recetor transmembranoso de reconhecimento de padrões chamado recetor 4 do tipo toll (TLR4), que é expresso em macrófagos e monócitos [**Medzhitov et al. 1997**] cinase associada e TRAF6 para ativar as vias NF-κB e proteína quinase activada por mitogénio [**Hoshino et al. 1999; Kawai et al. 1999;Kawai et al. 2001**], o que leva à síntese e libertação de citocinas inflamatórias, tais como IL-1, IL-8 e TNF-α, várias quimiocinas GROα, IP10, MIG e MIP -1α & β [**Gasperini et al. 1999**], iNOS[**Bogdan C. 2001; Alderton et al. 2001**] e péptidos antimicrobianos que proporcionam uma ligação crítica ao sistema imunitário adaptativo [**Benelli et al. 2002; Renshaw et al. 2002**].

4.5.RESPOSTA IMUNITÁRIA E CITOCINAS NOS TUMORES MALIGNOS GASTROINTESTINAIS

A resposta imunitária tem, sem dúvida, um impacto significativo no potencial de malignidade, o que é realçado pelas conclusões de que os ratinhos com imunodeficiência combinada grave e deficientes em células T infectados com *Helicobacter* não desenvolvem o mesmo grau de lesão tecidular, apesar dos elevados níveis de colonização bacteriana gástrica (**Eaton et al. 2001; Roth et al. 1999**). A importância dos linfócitos CD4, em particular, é também demonstrada por experiências que mostram que os ratinhos deficientes em células B *infectados com Helicobacter* não estão protegidos de atrofia e metaplasia graves (**Roth et al. 1999**). Nos adenomas e carcinomas colorrectais, há uma predominância de células CD4- e CD3-positivas (**Jackson et al. 1996**). Assim, os linfócitos T CD4 e os seus produtos de citocinas são extremamente importantes na transformação maligna de tecidos cronicamente inflamados. A concentração em citocinas individuais gerou mais provas para apoiar o papel da inflamação na carcinogénese gastrointestinal. Por exemplo, os ratinhos sem IFN-_ estão protegidos da atrofia gástrica, ao passo que os ratinhos deficientes em IL- 1 O desenvolvem uma gastrite atrófica grave e uma enterocolite crónica (**Kuhn et al. 1993; Sutton et al. 2000**). Curiosamente, muitos dos ratinhos deficientes em IL-10 com enterocolite crónica desenvolvem cancro colorrectal semelhante à neoplasia associada à doença inflamatória intestinal humana. A IL-1, à semelhança de muitas outras citocinas pró-inflamatórias, é capaz de induzir a expressão da COX-2 e da iNOS.

4.5.1. POLIMORFISMOS DE CITOCINAS E MALIGNIDADE GASTROINTESTINAL

da suscetibilidade e gravidade da doença. Isto é particularmente verdade no caso dos polimorfismos dos genes das citocinas e da malignidade gastrointestinal. Talvez a prova mais convincente do papel da inflamação na malignidade gastrointestinal venha de estudos que mostram que os polimorfismos dos genes das citocinas pró-inflamatórias aumentam o risco de cancro e dos seus precursores.

Um excelente exemplo disto é o papel destes polimorfismos na patogénese do cancro gástrico *induzido por H. pylori. A H. pylori* causa os seus danos iniciando uma inflamação crónica na mucosa gástrica. Esta inflamação é mediada por uma série de citocinas pró e anti-inflamatórias. Os polimorfismos genéticos influenciam diretamente a variação interindividual na magnitude da resposta das citocinas, o que contribui claramente para o resultado clínico final de um indivíduo. No caso da infeção por *H. pylori*, especulámos que os genes candidatos mais relevantes seriam aqueles cujos produtos estivessem envolvidos no tratamento do ataque da *H. pylori* (respostas imunes inatas e adaptativas) e aqueles que mediassem a inflamação resultante. Uma vez que essa lista de genes candidatos seria proibitivamente extensa, restringimos ainda mais a pesquisa selecionando os genes mais relevantes para a fisiologia gástrica e, em particular, para a secreção de ácido gástrico. A gastrite *induzida por H. pylori* está associada a três fenótipos que se correlacionam estreitamente com o resultado clínico.

O primeiro é um padrão de antro-predominante/corpus-sparing associado a secreção ácida elevada e risco aumentado de úlcera duodenal. O segundo é uma gastrite mista ligeira do antro e do corpo, sem efeitos importantes na secreção ácida e, geralmente, sem consequências clínicas graves. O último é um padrão de pangastrite grave ou predominante no corpo que está associado a atrofia gástrica, hipocloridria e um risco aumentado de cancro gástrico. A inibição farmacológica do ácido gástrico pode levar a uma mudança de um padrão predominante no antro para um padrão predominante no corpo, com início de atrofia gástrica. Assim, ficou claro que um agente endógeno que fosse regulado positivamente na presença de *H. pylori*, tivesse um profundo efeito pró-inflamatório e fosse também um inibidor de ácido seria o fator genético do hospedeiro mais relevante a ser estudado. A IL-1_ encaixava perfeitamente neste perfil, pois não só é uma das primeiras e mais importantes citocinas pró-inflamatórias no contexto da infeção por *H.pylori*, como é também o mais potente inibidor ácido conhecido (**El-Omar 2001**). Demonstrámos que os polimorfismos do grupo de genes *IL-I* pró-inflamatórios (*IL-IB* que codifica IL-1_ e *IL-IRN* que codifica o antagonista do seu recetor natural) aumentam o risco de cancro gástrico e dos seus precursores na presença de *H. pylori* (**El-Omar et al. 2000**). Os indivíduos com os genótipos *IL-IB-31*C* ou -511*T e *IL-IRN*2/*2* têm um risco acrescido de desenvolver hipocloridria e atrofia gástrica em resposta à infeção *por H. pylori*. Este risco estende-se ao próprio cancro gástrico com um risco duas a três vezes maior de malignidade em comparação com indivíduos que têm os genótipos menos pró-inflamatórios (**El-Omar et al. 2000; El-Omar et al. 2003**). A associação entre os polimorfismos do cluster do gene *IL-I* e o cancro gástrico foi confirmada noutros relatórios (**Figueiredo et al. 2002**). Além disso, o gene *IL-I* também foi identificado como fator de risco para o cancro gástrico e, tal como no caso dos polimorfismos do cluster do gene *IL-1*, este é restrito a adenocarcinomas não gástricos (**El-Omar et al. 2003**). Mostrámos que ter um número crescente de genótipos pró-inflamatórios (*IL-1B-511*T, IL-1RN*2*2, TNF-_-308*A* e *IL-1O* ATA/ATA) aumenta progressivamente o risco de cancro gástrico. De facto, quando três a quatro destes polimorfismos estão presentes, o risco de cancro gástrico aumenta 27 vezes **(El-Omar et al. 2003)**. O facto de *o H.pylori* ser um pré-requisito para a associação destes polimorfismos com a malignidade demonstra que, nesta situação, a inflamação está de facto a conduzir a carcinogénese. É provável que outros polimorfismos de genes de citocinas pró-inflamatórias sejam relevantes para o início e a progressão do cancro gástrico. Este campo excitante expandiu-se muito nos últimos anos, e a procura do conjunto completo de genótipos de risco que ditam a probabilidade de um indivíduo desenvolver cancro está agora em pleno andamento. Esta abordagem foi agora adoptada para muitos outros tipos de cancro, como se descreve a seguir. Em doentes japoneses com infeção crónica pelo VHC, o genótipo IL-1B-511 T/T foi associado a um risco acrescido de progressão para carcinoma hepatocelular **(Tanaka et al. 2003).** Como o genótipo pró-inflamatório T/T está relacionado com uma maior produção de IL-1_, é possível que o risco de transformação maligna seja maior. A IL-1_ leva à produção de PGE2 e do fator de crescimento dos hepatócitos e tem influência angiogénica através da expressão induzida de NO e COX-2. Além disso, o grau de inflamação e fibrose hepáticas induzidas pelo VHC tem sido correlacionado com a expressão hepática de citocinas Thl. Atualmente, existe relativamente pouca informação sobre a relação entre outros tumores malignos gastrointestinais e os polimorfismos das citocinas. Alguns estudos abordaram a influência dos polimorfismos nos resultados do cancro. Barber et al. **(Barber et al. 2001)** verificaram que a posse de um genótipo que resulta num aumento da produção de IL-1_ estava associada a uma menor sobrevivência no cancro do pâncreas. Park et al. **(Park et al. 1998)** investigaram os polimorfismos *do TNF-A* e *-B* em 136 doentes com cancro colorrectal e 325 controlos saudáveis numa população asiática. Os seus resultados indicaram que os genótipos *TNF-B*1/TNF-B*1* apresentavam um risco acrescido de cancro colorrectal. De Jong e colegas **(De Jong et al. 2002)** realizaram recentemente análises conjuntas de 30 polimorfismos em 20 genes de baixa penetrância e identificaram mais três estudos que investigaram os polimorfismos *do TNF-A* e o cancro colorrectal. Foram detectadas associações entre os alelos a2, a5 e a13 do *TNF-_* e o cancro colorrectal.

4.5.2. ASSOCIAÇÃO DO POLIMORFISMO DO GENE IL-8 COM A MALIGNIDADE GÁSTRICA

As regiões promotoras de um certo número de genes de citocinas contêm polimorfismos que influenciam diretamente a produção de citocinas **[Bidwell et al. 2001]**. O gene *IL-8* está localizado no cromossoma 4q13-21 e é constituído por quatro exões, três intrões e uma região promotora proximal [**Mukaida et al. 1989**]. Foram registados vários polimorfismos no gene *da IL-8*. Curiosamente, a produção de IL-8 pode ser controlada pela ligação -251 A/T na região promotora desta quimiocina [**Hull et al. 2000**]. Dados recentes revelaram que o alelo *IL-8* (-251) A está associado a um elevado nível de expressão da proteína IL-8 e a uma grave infiltração de neutrófilos [**Hull et al. 2000**].Outros estudos também referiram que o polimorfismo *IL-8* (-251) T/A está associado a um maior risco de desenvolvimento de doenças malignas [**Lurje et al. 2008; Ohyauchi et al. 2005**].

Foi referido que a produção de IL-8 na mucosa gástrica infetada com H. pylori é influenciada pela presença da ilha de patogenicidade cag de H. pylori (**Orsini et al. 2000**), na qual estão incluídos os principais factores de virulência. No entanto, como a maioria dos isolados clínicos de H. pylori são semelhantes no Japão (**Maeda et al. 1998**), sugere-se que os factores genéticos do hospedeiro podem desempenhar um papel importante nas diferenças de expressão de IL-8 em indivíduos infectados com H. pylori. Os resultados epidemiológicos foram confirmados pelas diferenças na expressão de IL-8 na mucosa gástrica entre os genótipos; o alelo _251 A foi associado a níveis significativamente mais elevados de proteína IL-8 em comparação com o genótipo _251 T/T.

A IL-8 estimulada pela infeção por H. pylori induz o recrutamento de neutrófilos, que segregam citocinas pró-inflamatórias como o TNF-a, IFN-g e IL-1h. Pensa-se que a resposta de citocinas na mucosa gástrica é predominante nas células T helper (Th) 1, caracterizada pela acumulação de IFN-g e não de linfócitos T que expressam IL-4 (**Bamford et al. 1998; D'Elios et al. 1997**). Foi relatado que a inflamação crónica com uma resposta imunitária predominante Th1 na mucosa gástrica de ratos causa atrofia gástrica, enquanto as citocinas Th2 protegem contra a inflamação gástrica (**Smythies et al. 2000; Fox et al. 2000**).

Além disso, as citocinas pró-inflamatórias desempenham um papel importante na proliferação celular e nas lesões da mucosa gástrica (**Goodwin et al. 1986**). Taguchi et al. investigaram o efeito do polimorfismo IL-8 _251 T > A na progressão de diferentes subtipos de cancro gástrico através da análise de estratificação. Foi revelado que o genótipo _251 A/A apresenta um risco mais elevado de localização no terço superior, tipo difuso da classificação de Lauren, adenocarcinoma pouco diferenciado da classificação japonesa, metástases nos gânglios linfáticos, metástases hepáticas e cancros gástricos com mutação p53. De acordo com a cascata de Correa (**Correa et al. 1975**), **que** começa com gastrite crónica, seguida de atrofia, metaplasia e cancro gástrico do tipo intestinal, o genótipo _251 A/A estaria associado a um maior risco de cancro gástrico do tipo intestinal. No entanto, curiosamente, o genótipo _251 A/A está relacionado com um risco mais elevado de adenocarcinomas de tipo difuso e pouco diferenciado. Um estudo recente indicou que a IL-8 era mais fortemente expressa em cancros gástricos de tipo difuso do que em cancros gástricos de tipo intestinal (**Eek et al. 2003**). Está demonstrado que a IL-8 diminui a expressão da molécula de adesão das células epiteliais E-caderina por mecanismos autócrinos ou parácrinos (**Kitadai et al. 2000**). No cancro gástrico, a expressão baixa ou ausente de E-caderina está associada à desintegração da arquitetura dos tecidos e conduz à progressão do cancro gástrico de tipo difuso (**Mayer et al. 1993**). Assim, um genótipo produtor de IL-8 elevado pode estar associado a um risco elevado de adenocarcinoma de tipo difuso e pouco diferenciado, que se desenvolve frequentemente no terço superior. O genótipo IL-8 _251 A/A também se correlacionou com um risco mais elevado de metástases nos gânglios linfáticos e no fígado. Estes resultados podem ser devidos às funções tumorigénicas e angiogénicas da IL-8, modulando o crescimento e o comportamento invasivo dos tumores malignos (**Wang et al. 1998**). Foi referido que o nível de ARNm da IL-8 no cancro gástrico se correlacionava diretamente com a vascularização dos tumores (**Kitadai et al. 1998**) e que a transfecção de células de carcinoma gástrico com o gene da IL-8 aumentava a sua tumorigénese e angiogénese na parede gástrica do rato nu (**Kitadai et al. 1999**). Embora estes resultados sugiram que a IL-8 induz metástases por mecanismos autócrinos, a IL-8 exógena, derivada de macrófagos ou neutrófilos, também mediou a migração celular e a angiogénese (**Koch et al. 1992; Wang et al. 1990**). Também revelámos que o genótipo _251 A/ A estava associado a uma infiltração mais grave de neutrófilos na mucosa gástrica não cancerosa adjacente ao cancro. Por conseguinte, os nossos resultados sugerem que a IL-8 aumenta o potencial metastático das células cancerígenas gástricas através de mecanismos autócrinos e parácrinos e sugerem que as variantes genéticas da IL-8 podem ter algum potencial para afetar o prognóstico do cancro gástrico.

4.6. *H.pylori* E RESPOSTA IMUNE DO HOSPEDEIRO

A interação funcional da infeção por H. pylori com a resposta imunitária do hospedeiro, especialmente as células T, na carcinogénese gástrica ainda não está totalmente elucidada. A caraterização dessa interação mostrou que a infeção por H. pylori cagA+ estava associada à imunidade celular mediada por Th1 nas fases iniciais do CG, enquanto a imunidade humoral mediada por Th2 dominava as fases avançadas [**Wang et al. 2007**]. Além disso, entre as respostas imunitárias associadas à infeção por H. pylori cagA+, a imunidade local foi predominante sobre a imunidade sistémica e a polarização da resposta imunitária mediada por células Th foi associada à progressão das patologias gástricas. Foi avaliada a possibilidade de ocorrência de uma resposta imunitária alterada ao H. pylori em doentes com CG em comparação com indivíduos assintomáticos [**Lundin et al. 2007**]. Quando estimuladas por H. pylori, as células T do sangue periférico e da mucosa gástrica de doentes com CG produziram quantidades elevadas de IL-lO, enquanto esta produção foi baixa em indivíduos assintomáticos infectados com H. pylori. Assim, foi proposto que o aumento da produção da citocina supressora IL-lO em doentes com CG infectados com H. pylori pode levar a uma diminuição da resposta citotóxica antitumoral das células T no estômago, o que pode contribuir para a progressão do tumor.

4.6.1. Receptores do tipo Toll e imunidade inata

As respostas imunitárias inatas aos agentes patogénicos são orquestradas principalmente por monócitos/macrófagos, granulócitos e células dendríticas, que actuam como uma primeira linha de defesa contra os microrganismos invasores [**Medzhitov et al. 1997**]. A discriminação entre o "não-eu" e o "eu" é conseguida por numerosas proteínas do hospedeiro equipadas com a capacidade de reconhecer estruturas, ou padrões moleculares, presentes em organismos estranhos [**Schumann. 2004**]. Os receptores do tipo Toll (TLR) são constituintes de uma família mais vasta, denominada receptores de reconhecimento de padrões (PRR), que desempenham um papel essencial no início de uma resposta imunitária inata contra micróbios invasores, com subsequente ativação de uma resposta imunitária adaptativa [**Takeda e Akira. 2004**] . O recetor Toll foi originalmente identificado em *Drosophila* como um recetor essencial para o desenvolvimento embrionário [**Hashimoto et al. 1988**]. Verificou-se que as moscas mutantes Toll eram profundamente susceptíveis a infecções fúngicas e, mais tarde, foram descobertos homólogos de Toll em mamíferos (TLRs) que participavam no reconhecimento imune inato de agentes patogénicos [**Medzhitov et al. 1997**]. Além disso, a via de transdução de sinal que se segue à ativação de Toll inclui elementos que são altamente homólogos à

via de transdução de sinal dos TLR de mamíferos.

Uma família importante de proteínas são os receptores do tipo Toll (TLRs), também designados receptores de reconhecimento de padrões (PRRs). Os TLRs são um sistema eficaz de alerta precoce baseado na sua capacidade de reconhecer padrões moleculares associados a agentes patogénicos (PAMPs) distintos e altamente conservados que são exclusivos dos microrganismos mas que estão ausentes das células hospedeiras. O reconhecimento de PAMPs pelos TLRs leva à ativação de vias de sinalização intracelular que culminam na indução de vários genes envolvidos na defesa do hospedeiro, incluindo os que codificam citocinas inflamatórias, quimiocinas, moléculas apresentadoras de antigénios e moléculas coestimuladoras. O TLR2 foi o primeiro TLR humano envolvido na defesa do hospedeiro a ser descrito; embora os relatórios preliminares descrevessem uma interação com o lipopolissacárido de bactérias Gram-negativas **[Schumann. 2004; Yang et al. 1998]**, estudos subsequentes demonstraram claramente que o TLR4 é o recetor do lipopolissacárido **[Beutler et al. 2001]**. Verificou-se que o TLR2 interage com uma série de outros ligandos bacterianos, incluindo os ipopeptídeos **[Hoshino et al. 1999]**, o peptidoglicano **[Lien et al. 1999]** e o ácido lipoteicóico das bactérias Gram-positivas. Até à data, foram identificados 13 TLR, que podem ser diferenciados pela especificidade do ligando. Certos TLRs (por exemplo, TLR3, TLR5 e TLR9) reconhecem apenas um tipo de PAMP, enquanto outros, como o TLR2, reconhecem uma variedade de moléculas, incluindo lipoproteínas bacterianas, ácido lipoteicóico e peptidoglicano. O TLR3 liga-se ao ARN de cadeia dupla presente em muitos tipos de vírus, o TLR5 liga-se à flagelina e o TLR9 reconhece sequências repetitivas de ácidos nucleicos não metilados, ou repetições CpG, que estão presentes em grandes quantidades no ADN bacteriano.Os TLR partilham uma estrutura comum que consiste num domínio extracelular constituído por repetições ricas em leucina e um domínio intracitoplasmático que apresenta uma elevada semelhança com a família de receptores !L-1, denominado domínio do recetor Toll/fL-1 (TfR) . O domínio extracelular é caracterizado por repetições ricas em leucina (LRR) que foram sugeridas como formando uma estrutura tipo "ferradura" que interage com outros ligandos proteicos **[Kobe et al. 1995]**. Assim, os domínios LRR são muito provavelmente responsáveis pela interação TLR-ligando. No domínio intracelular, os TLR apresentam o chamado domínio do recetor Toll/interleucina 1 (TfR) que interage com o gene 88 de resposta primária à diferenciação mieloide (MyD88), uma proteína adaptadora que também apresenta um domínio TfR, activando assim uma cascata de sinalização que, em última análise, conduz à indução de citocinas pró-inflamatórias - por exemplo, o fator de necrose tumoral **[Kawai et al. 1999; O'Neill et al. 2003]**. Os TLR2 e TLR4 são expressos em muitos tecidos; contudo, os monócitos apresentam os níveis de transcrição mais elevados **[Rehli M 2002]**.

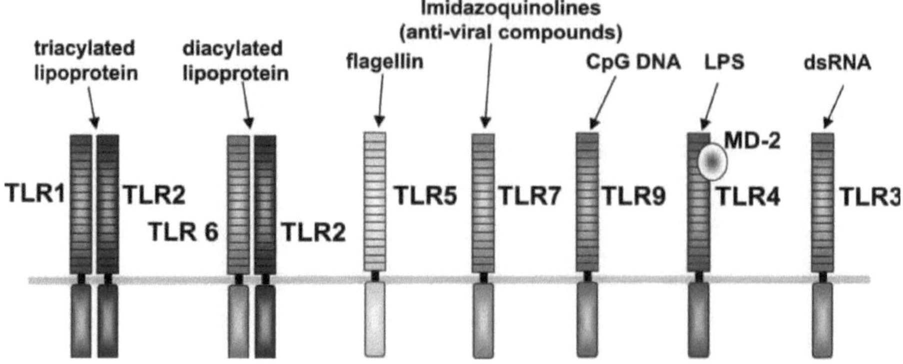

TLRs e os seus ligandos. Os TLR1-TLR7 e TLR9 foram caracterizados para reconhecer componentes microbianos. O TLR2 é essencial para o reconhecimento de lipopeptídeos microbianos. O TLR1 e o TLR6 associam-se ao TLR2 e discriminam diferenças subtis entre lipopeptídeos triacilo e diacilo, respetivamente. O TLR4 reconhece o LPS. O TLR9 é o recetor do ADN CpG, enquanto o TLR3 está implicado no reconhecimento do dsRNA viral. O TLR5 é um recetor de flagelina. Assim, a família TLR discrimina entre padrões específicos de componentes microbianos.

Para além de serem importantes efectores nas células imunitárias, foram identificados TLRs nas células epiteliais gastrointestinais **[Cario et al. 2002]**. Devido à presença contínua de microrganismos no intestino, o equilíbrio entre a expressão e a ativação dos TLR é fortemente regulado neste nicho. É crucial que os TLRs não sejam activados incessantemente em resposta a PAMPs de bactérias comensais, mas devem ainda ter a capacidade de ativar vias de sinalização a jusante adequadas na presença de potenciais agentes patogénicos. Isto pode ser conseguido através da regulação negativa de TLRs específicos, tais como TLR2, TLR3 e TLR4, nas superfícies das células epiteliais intestinais e do cólon humano **(Abreu et al. 2001, 2003; Furrie et al. 2005]**. Estudos in vitro demonstraram que, após estimulação com LPS ou peptidoglicano, como ocorre com a exposição constante a bactérias comensais, os TLR2 e TLR4 são redistribuídos da superfície apical para compartimentos intracitoplasmáticos adjacentes à **membrana** basolateral **[Cario et al. 2002]** ou, no caso do TLR4, para o aparelho de Golgi **[Hornef et al. 2002]** No entanto, apesar desta desregulação da superfície celular, o TLR4 localizado no aparelho de Golgi ainda mantém a capacidade total de iniciar cascatas de sinalização intracelular em resposta ao LPS internalizado **[Hornefet al. 2003]**.

4.6.2. TLR4

O TLR4 é um membro da família dos TLR e o principal recetor de LPS. O TLR-4 humano, localizado no cromossoma 9q32-q33, contém quatro exões e é altamente expresso em linfócitos, monócitos, leucócitos polimorfonucleares e esplenócitos. Muitos estudos sobre a resposta imunitária inata à *H. pylori* centraram-se no TLR4, que reconhece o LPS. Embora o TLR4 medeie claramente o reconhecimento inicial de agentes patogénicos pelos macrófagos, não existe consenso quanto ao papel que o TLR4 desempenha no reconhecimento da *H. pylori*. A infeção de uma linha de células epiteliais gástricas com *H. pylori* aumentou a expressão de TLR4 e MD-2, e a estimulação com LPS de *H. pylori* levou à ativação de NF-B e do promotor de IL-8 em células que expressaram ambos os receptores **[Ishihara et al. 2004]**. No entanto, os resultados de outros investigadores sugeriram que o reconhecimento da *H. pylori* é independente do TLR4 **[Backhed et al. 2003; Su et al. 2003]**. Backhed et al. referiram que, embora as amostras de mucosa gástrica expressassem TLR4, a resposta inflamatória de citocinas a *H. pylori* não era direcionada para LPS e era, portanto, independente de TLR4. Além disso, embora *a H. pylori* possa aumentar a expressão de TLR4 e utilizar este recetor para aderir às células epiteliais gástricas, um anticorpo monoclonal para TLR4 não conseguiu inibir a indução da secreção de IL-8 **[Su et al. 2003]**. Uma hipótese para explicar por que razão o TLR4 pode não estar envolvido no reconhecimento imunitário deste agente patogénico é que o LPS da *H. pylori* é um ativador ineficaz da resposta imunitária em comparação com o LPS de outras bactérias Gram-negativas, devido a modificações no núcleo lipídico A do LPS **[Perez-Perez et al. 1995]**. Os macrófagos humanos diferem na sua capacidade de resposta ao LPS, dependendo do grau de acilação do LPS, e uma resposta imunitária mais forte é evocada pelo LPS hipoacilado **[Hajjar et al. 2002]**. Uma vez que o LPS da *H. pylori* é hipoacilado, pode não ativar eficazmente o TLR4, permitindo assim que a bactéria sobreviva a longo prazo. Para além dos estudos in vivo, foram realizados estudos genéticos para definir o papel do TLR4 na resposta imunitária inata à *H. pylori*.

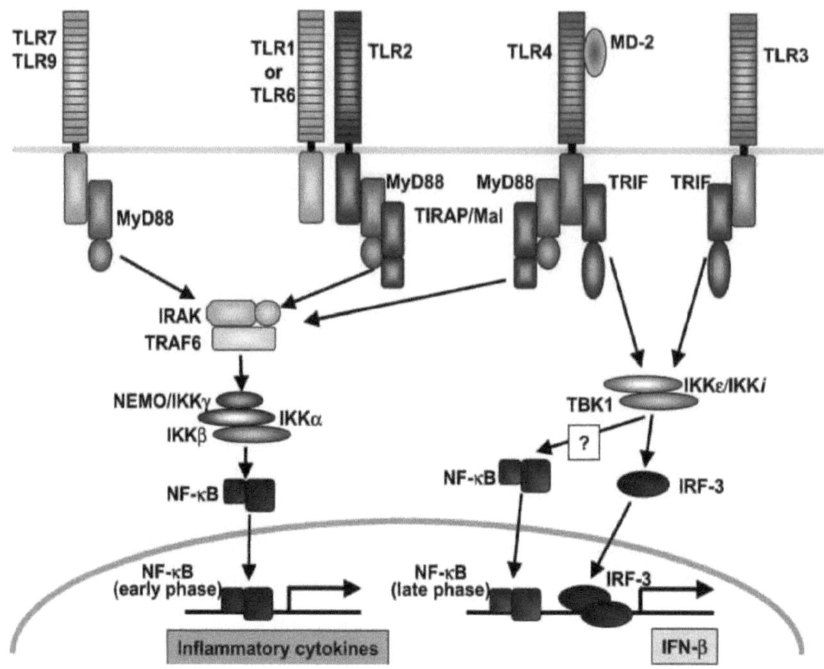

Adaptadores contendo o domínio TIR e sinalização TLR. MyD88 é um adaptador essencial contendo o domínio TIR para a indução de citocinas inflamatórias através de todos os TLRs. O TIRAP/Mal é um segundo adaptador contendo o domínio TIR que medeia especificamente a via dependente de MyD88 via TLR2 e TLR4. Nas vias de sinalização mediadas por TLR4 e TLR3, existe uma via independente de MyD88 que leva à ativação deIRF-3 via TBKl e *IKKε/IKKi*. O adaptador TRIF, que contém o domínio TIR, medeia esta via independente de MyD88.

Estão bem estabelecidas várias etapas que levam à interação do TLR4 com o lipopolissacárido: o lipopolissacárido é ligado à proteína de ligação ao lipopolissacárido (LBP), um PRR solúvel sintetizado no fígado **[Schumann et al. 1990]** e transportado para um complexo recetor que envolve uma proteína denominada CD14 , o TLR4 **[Hoebe et al. 2004]** e a molécula adaptadora MD2 **[Shimazu et al. 1999].** A transdução do sinal é iniciada pela interação do domínio TIR do TLR4 com MyD88. Foi elucidada uma via independente de MyD88 para o TLR4, que envolve proteínas denominadas adaptador contendo o domínio TIR que induz o interferão beta (TRIF), a molécula adaptadora relacionada com TRIF e, mais a jusante, a quinase de ligação TANK 1 (em que TANK é o fator nuclear associado ao recetor do fator de necrose tumoral _B quinase) e a quinase I_B _, que conduzem à indução de interferões de tipo 1 através do fator de transcrição regulador do interferão **[Hoebe et al. 2003; Yamamoto et al. 2003; Fitzgerald et al. 2003;Yamamoto M et al. 2003]**.

4.6.3. Os SNPs Asp299Gly e Thr399Ile do TLR4

Vários estudos sugerem que, após a inalação de lipopolissacárido, os indivíduos apresentam uma forte reação semelhante à asma **[Schwartz et al. 1994; Schwartz 1996]**. Além disso, os asmáticos alérgicos apresentam uma reação mais forte ao lipopolissacárido inalado do que os indivíduos saudáveis **[Michel et al. 1989]**. No entanto, algumas pessoas não apresentam esta reação a um desafio experimental com lipopolissacárido, tendo sido postulada uma predisposição genética ainda desconhecida **[Kline et al. 1999]**. Em 2001, Arbour e colegas descreveram dois polimorfismos cosegregantes do gene humano TLR4 - Asp299Gly e Thr399Ile - que foram encontrados numa proporção substancialmente mais elevada entre as pessoas hiporresponsivas ao lipopolissacarídeo inalado, em comparação com uma população de controlo **[Arbour et al. 2000]**, demonstraram menor reatividade das vias respiratórias), o que forneceu a primeira prova direta de que um polimorfismo de sequência no *TLR4* estava associado a um fenótipo hiporresponsivo à endotoxina em seres humanos. Trabalhos recentes sugeriram que uma sinalização defeituosa através do TLR4 pode também resultar numa resposta imunitária exagerada após a falha inicial da imunidade inata em controlar a infeção (117). Uma vez que esta resposta pode permitir que *a H. pylori* induza uma inflamação crónica que conduza ao cancro gástrico, Hold et al. (120) realizaram estudos caso-controlo separados de indivíduos com fenótipos pré-cancerosos, como a atrofia gástrica, bem como de indivíduos com cancro gástrico, e avaliaram estas populações quanto à presença do SNP Asp299Gly no TLR4. Os portadores de *TLR4* _896G apresentaram um risco significativamente maior de hipocloridria e atrofia gástrica em comparação com os controlos (OR 11,0, 95% CI 2,5- 48). A variante *TLR4* foi também significativamente associada ao cancro gástrico quando comparada com a população de controlo (OR 2,4, 95% CI 1,6 -3,4). No entanto, vários estudos em diferentes populações não conseguiram identificar uma associação entre os polimorfismos TLR4 Asp299Gly ou Thr399Ile e o cancro gástrico ou lesões pré-cancerosas (94, 119, 141, 262, 279), potencialmente devido a distribuições de haplótipos não informativas, embora um grupo tenha identificado uma associação entre um novo polimorfismo, TLR43725 G/C, e atrofia gástrica grave numa população japonesa (118).

As células epiteliais derivadas destes probandos exibiram uma resposta diminuída à estimulação com lipopolissacáridos in vitro, tanto no estado homozigótico como no heterozigótico. Além disso, foram encontrados resultados semelhantes em macrófagos alveolares, e o fenótipo podia ser invertido com o alelo de tipo selvagem. Finalmente, a linha celular THP1 transfectada com TLR4 humano mutado também apresentou respostas mais baixas ao lipopolissacarídeo administrado in vitro. Uma vez que os SNP estão situados no domínio extracelular do TLR4 (figura 2), o impacto é provavelmente causado por uma diminuição do reconhecimento dos ligandos. No entanto, estes estudos de sobre-expressão indicaram que o genótipo Asp299Gly pode ter um maior impacto funcional em comparação com o genótipo Thr399Ile [Arbour et al. 2000]. O relatório de Arbour e colegas foi seguido por uma série de estudos que investigaram o potencial impacto destes SNP na incidência e no curso de doenças infecciosas80. Um grupo investigou a associação destes SNP com a incidência de choque sético durante infecções com bactérias Gram-negativas.70 Entre 91 pessoas com choque sético, quatro apresentavam o SNP Asp299Gly mas não tinham o SNP Thr399Ile, enquanto não foi encontrado um único alelo Asp299Gly no grupo de controlo mais pequeno estudado (p=0·05). Estes dados foram, em parte, apoiados por estudos que investigaram a distribuição de agentes patogénicos Gram-negativos numa unidade de cuidados intensivos.68 No entanto, neste estudo apenas foram encontrados SNP cosegregantes. Noutro estudo também se verificou uma correlação entre o SNP Thr399Ile e a presença de bactérias Gram-negativas.69 Neste estudo, a colonização de mulheres grávidas com *Gardnerella* spp e outros comensais Gram-negativos foi dez vezes superior nas mulheres portadoras do alelo TLR4 mutado. Em contrapartida, dois estudos investigaram a influência dos SNP 299/399 frequentes do TLR4 na incidência de sépsis após cirurgia65 e na gravidade da síndrome da resposta inflamatória grave67 , e ambos não conseguiram detetar uma correlação significativa. Os investigadores também encontraram uma correlação clara entre a bronquiolite grave causada pelo vírus sincicial respiratório (VSR) em bebés e ambos os SNP do TLR4, não tendo sido encontrada qualquer correlação com os SNP do CD14.64 A proteína F do VSR foi descrita como um potencial ligando do TLR481-83 , o que é apoiado por estes resultados. Dois grandes estudos investigaram o papel dos SNPs Asp299Gly e Thr399Ile do TLR4 na doença meningocócica e não encontraram qualquer correlação.62,63 É de notar que muitos dos estudos mencionados investigaram pequenos números e, por conseguinte, necessitam de ser apoiados por ensaios de acompanhamento mais alargados.

4.6.4. TLR2:

O TLR2 reconhece diversos PAMPs, como as lipoproteínas bacterianas, o ácido lipoteicóico e o peptidoglicano, e é frequentemente complexado como um heterodímero com o TLR1 ou o TLR6. O TLR2 é expresso nas superfícies das células epiteliais intestinais e gástricas **[Cario et al. 2002; Hornef et al. 2002; Smith et al. 2003]**, e vários estudos sugeriram que o TLR2 desempenha um papel no reconhecimento da *H. pylori* e na subsequente indução de cascatas de sinalização intracelular que activam a inflamação. As células HEK293 transfectadas com TLR2 respondem a diferentes estirpes de *H. pylori* activando o NF-_B, ao passo que as células transfectadas com TLR4 não activam o NF-_B **[Smith et al. 2003]**. Este mesmo estudo concluiu que as células epiteliais gástricas transfectadas com um mutante TLR2 dominante-negativo (mas não com TLR4) tinham uma resposta atenuada à *H.pylori* e que o LPS purificado *da H.pylori* é um agonista predominantemente TLR2, em vez de TLR4. No entanto, Mandell et al. **[Mandell et al. 2004]** determinaram que, embora o LPS derivado da *H. pylori* estimulasse o TLR4, apenas o TLR2 respondia às bactérias intactas. Centrando-se na inflamação aguda, outro estudo descobriu que os neutrófilos humanos infectados com *H. pylori* aumentaram a expressão de TLR2 e TLR4, e a produção de IL-8 e IL-IO foi anulada pela utilização de anticorpos neutralizantes anti-TLR2 e anti-TLR4 **[Alvarez-Arellano et al. 2007]**. No entanto, estes resultados não são uniformemente consistentes em diferentes laboratórios. Viala et al. **[Viala et al. 2004]** relataram que a infeção por *H. pylori* em células HEK293, que não expressam TLR2, resultou numa resposta pró-inflamatória, que provavelmente foi desencadeada pela molécula intracelular de defesa do hospedeiro Nodi. Estes resultados foram posteriormente confirmados quando a estimulação de células HEK293 com *H. pylori* resultou na ativação de NF-_B, indicando que o TLR2 pode não desempenhar um papel importante na resposta imunitária a *H. pylori* **[Maeda et al. 2004]**. Para além do reconhecimento do LPS, o TLR2 pode detetar outros antigénios *do H. pylori*, levando à indução subsequente de vias imunomoduladoras. O HSP6O, um potente antigénio imunogénico da *H. pylori,* pode induzir a produção de citocinas inflamatórias a partir de células epiteliais gástricas e monócitos através do TLR2 **[Takenaka et al. 2004; Zhao et al. 2007]**. A proteína activadora de neutrófilos *da H. pylori* (HP-NAP) é um fator de virulência que estimula a produção de radicais de oxigénio pelos neutrófilos e facilita a adesão dos neutrófilos às células endoteliais **[Evans et al. 1995]**. O HP-NAP é um agonista do TLR2 que pode provocar a produção de citocinas inflamatórias Thl por neutrófilos e monócitos **[Amedei**

et al. 2006]. A expressão da ciclo-oxigenase-2 (COX-2) é induzida pela *H. pylori,* o que tem sido implicado no desenvolvimento e na progressão do cancro gástrico **[Takahashi et al. 2000; Van Rees et al. 2002].** Chang e colaboradores **[Chang et al. 2005]** investigaram o papel dos TLRs na expressão de COX-2 induzida pela infeção por *H. pylori* em dois estudos independentes.

O papel que os polimorfismos *do TLR2* desempenham na resposta imunitária à *H. pylori* também foi investigado. Dois estudos examinaram o polimorfismo _196 a _174del do *TLR2,* que foi previamente descrito como diminuindo a transactivação de promotores responsivos ao TLR2 **[Noguchi et al. 2004; Tahara et al. 2007; Tahara et al. 2008].** Esta deleção *de TLR2* estava presente numa proporção mais elevada de doentes japoneses com cancro gástrico em comparação com pessoas que tinham úlcera, gastrite ou mucosa normal à endoscopia **[Tahara et al. 2007].** Num estudo posterior, verificou-se que esta mesma deleção estava aumentada em doentes com metaplasia intestinal, uma lesão precursora na cascata da carcinogénese gástrica. Em 2000, Lorenz e colaboradores relataram um novo SNP não sinónimo numa parte conservada da região C-terminal do TLR2 humano (Arg753Gln, figura 2B). Este polimorfismo conduziu a uma diminuição da ativação de células HEK293 transfectadas por ligandos TLR2 in vitro. Um estudo sugeriu que 84

que os ligandos do TLR2 podem provocar asma e, apoiando o papel do TLR2 nas doenças atópicas, o polimorfismo TLR2 Arg753Gln demonstrou definir um subgrupo de pessoas com dermatite atópica com um fenótipo grave. Outro SNP do TLR2 - Arg677Trp - também localizado na região C-terminal, foi descrito como estando presente exclusivamente em pessoas asiáticas com lepra lepromatosa. Outro SNP do TLR2, localizado no domínio citoplasmático, foi descrito por Smirnova e colaboradores. Estes relataram que o SNP Pro631His apareceu com uma frequência mais baixa em pessoas com meningite em comparação com controlos (p=0·05). Um relatório que investigou crianças com asma descreveu um polimorfismo do promotor no TLR2 como estando associado à asma. Estes resultados foram confirmados num estudo maior que mostrou que o SNP TLR2/-16 934 é um gene importante para a asma em crianças de agricultores europeus.

4.6.5. TLR5:

O TLR5 liga a flagelina; por conseguinte, parece inerentemente óbvio que o TLR5 desempenharia um papel fundamental no reconhecimento da *H. pylori,* uma bactéria flagelada. O TLR5 está presente nas células epiteliais intestinais [**Cario et al. 2002; Hornef et al. 2002; Smith et al. 2003**] e no epitélio gástrico. No entanto, à semelhança dos dados relativos aos TLR4 e TLR2, existem relatórios contraditórios sobre o envolvimento do TLR5 na resposta imunitária à *H. pylori*. As células HEK293 que são transfectadas com TLR5 (e TLR2, como referido acima) respondem à infeção com *H.pylori* através da ativação de NF-_B [**Smith et al. 2003**]. Além disso, a co-transfecção de uma linha de células epiteliais gástricas, MKN45, com mutantes dominantes negativos de TLR2 ou TLR5 resultou na inibição da ativação do NF-_B em resposta ao *H.pylori,* e verificou-se que *o H.pylori* purificado ativa o NF-_B nas células HEK293 e MKN45. Também foi demonstrado que as células HEK293 produzem IL-8 em resposta à *H. pylori,* e a transfecção destas células com TLR5 ou TLR2 aumenta esta resposta através da ativação de p38, um membro da família MAPK. No entanto, os dados de outros estudos não são consistentes com estes resultados e sugerem que o TLR5 não desempenha um papel importante na resposta imunitária à *H. pylori*. Foi demonstrado que as flagelinas *da H. pylori* têm uma atividade reduzida na estimulação das células epiteliais gástricas através do TLR5 [**Lee et al. 2003**] e, embora a expressão do TLR5 na superfície das linhas de células epiteliais gástricas possa ser modulada pela *H. pylori*, as flagelinas não desempenham um papel na regulação destes eventos. A flagelina de *H. pylori* não tem qualquer efeito na secreção de IL-8 pelas células epiteliais gástricas em comparação com a flagelina de *Salmonella typhimurium* [**Gewirtz et al. 2004**]. Andersen-Nissen et al. forneceram pormenores moleculares sobre os mecanismos que podem governar este fenótipo não reativo, demonstrando que a flagelina de *H. pylori* contém substituições específicas de aminoácidos no local de reconhecimento do TLR5 que a tornam não estimuladora. Foi demonstrado que um clone aflagelado de *H. pylori* induz uma resposta pró-inflamatória em HEK293 e em células epiteliais gástricas, indicando que o TLR5 pode não ser importante no reconhecimento do *H. pylori* pelas células epiteliais [**Viala et al. 2004**]. Coletivamente, estes resultados sugerem fortemente que as respostas mediadas por TLR à *H. pylori* devem ser interpretadas com precaução, uma vez que os resultados podem diferir de acordo com o contexto da célula ou da estirpe de *H. pylori*.

Foi descrito um códão de paragem dominante que ocorre no gene TLR5 humano, abolindo a transdução de sinal causada pela flagelina do ligando TLR5, e mostrou uma associação deste SNP com a pneumonia causada por *Legionella pneumophila*. No entanto, os resultados deste estudo só agora atingiram significância estatística, pelo que necessitam de ser confirmados por estudos de maior dimensão.

4.6.6. EXPRESSÃO DE TLR 2, TLR 4 E TLR 5 EM CÉLULAS EPITELIAIS GÁSTRICAS

As células epiteliais gástricas respondem à infeção por *H. pylori* através da ativação de numerosas cascatas de transdução de sinal. Até à data, as respostas mais bem caracterizadas são as que levam à expressão e ativação de c-fos e c-jun através das vias da proteína quinase activada por mitogénio e do NF-_B. Um resultado da ativação destas vias é a produção de grandes quantidades de IL-8 pelas células epiteliais gástricas. Os mecanismos envolvidos na regulação da produção de IL-8 pelas células epiteliais gástricas *infectadas com H. pylori* foram amplamente estudados. **Aihara et al.** demonstraram que a AP-I e o NF-_B cooperam para regular a expressão do gene *da IL-8* nas células MKN45. A mutação dos sítios de ligação AP-I e NF-_B no promotor de IL-8 resultou numa diminuição da resposta à infeção por *H. pylori*. A mutação apenas do sítio AP-I resultou num promotor incapacitado que só respondeu parcialmente à infeção *por H. pylori*. Em contraste, a mutação do sítio NF-_B resultou num promotor que era completamente não reativo à infeção por *H. pylori*, demonstrando a importância crítica do NF-_B na resposta.

Maeda et al. demonstraram ainda que a ativação do NF-B induzida por *H. pylori* nas células epiteliais gástricas envolvia as cinases I_B, NIK, TRAF2 e TRAF6.

As células do sistema imunitário inato detectam e respondem a produtos microbianos através da família de receptores do tipo Toll. Os receptores Toll-like (TLR) são uma família evolutivamente conservada de moléculas de superfície celular que participam no reconhecimento imunitário inato de padrões moleculares associados a agentes patogénicos. Os padrões moleculares associados aos agentes patogénicos são geralmente produtos únicos, quimicamente diversos, com motivos conservados, produzidos por microrganismos. Os padrões moleculares associados a agentes patogénicos desempenham frequentemente um papel essencial na estrutura das bactérias e, em geral, não podem ser subtilmente modificados por mutação sem afetar negativamente o crescimento microbiano ou a patogenicidade. Os exemplos incluem o LPS (especificamente o lípido A), o peptidoglicano, as lipoproteínas, o ADN bacteriano e os flagelos bacterianos. Foram identificados pelo menos 10 TLRs diferentes. Em alguns casos, o ligando bacteriano também foi identificado. Por exemplo, o TLR2 reconhece o peptidoglicano e as lipoproteínas bacterianas, o TLR4 reconhece o LPS da maioria das espécies Gram-negativas, o TLR5 reage com a flagelina e o TLR9 é um recetor do ADN CpG bacteriano. Os eventos de sinalização que ocorrem a jusante dos TLRs estão a ser rapidamente elucidados e parecem ter muitas caraterísticas comuns. Em geral, a cascata de eventos que ocorre após a ligação dos diferentes TLRs envolve a ativação de um conjunto comum de proteínas adaptadoras e de proteínas cinases, a mais bem caracterizada das quais conduz à ativação do NF-_B. Todas as moléculas identificadas por **Maeda et al.** como estando envolvidas na ativação de NF-_B induzida por *H. pylori* estão também associadas a respostas a jusante dos receptores Toll-Iike. A identidade da(s) molécula(s) de sinalização da superfície celular responsável(is) pelas respostas *induzidas pelo H. pylori* ainda não é clara.

Um potencial recetor de sinalização para *H. pylori* que tem sido examinado na literatura é o TLR4, originalmente identificado como a molécula de sinalização responsável pelas respostas celulares ao LPS. Recentemente, **Kawahara *et al.*** demonstraram que o LPS da *H. pylori* estimula o TLR4 e induz a expressão do gene da mitogénio oxidase 1 nas células da fossa gástrica da cobaia. No entanto, outros investigadores demonstraram que o LPS da *H. pylori* não estimula as linhas de células epiteliais gástricas humanas. Para esclarecer melhor o papel dos receptores do tipo Toll nas respostas das células epiteliais à infeção por *H. pylori*, examinámos a ativação do NF-B em células HEK293 transfectadas com construções específicas de expressão de TLR e na linha celular de cancro gástrico humano MKN45 que expressa versões negativas dominantes de TLR2, TLR4 ou TLR5. Os nossos resultados indicaram que *a H. pylori* viva induziu a ativação do NF-B devido à ligação dos TLR2 e TLR5, mas não do TLR4. Além disso, determinámos que o LPS derivado da estirpe 26695 da *H. pylori* é um agonista do TLR2 e demonstrámos que a incapacidade das células MKN45 para responder a agonistas típicos do TLR4 se deve à falta da molécula acessória MD2 do TLR4.

Foi demonstrado que *a H. pylori* necessita de flagelos para uma colonização eficiente e para a manutenção da infeção no epitélio gástrico. Uma indicação de que a flagelina *da H. pylori* pode desempenhar um papel significativo na progressão da doença foi sugerida por um relatório que demonstrou polimorfismos de comprimento de fragmentos de restrição nos genes da flagelina. Foram registadas diferenças significativas na produção de fL-8 entre grupos com diferentes polimorfismos de comprimento de fragmentos de restrição e as estirpes altamente móveis foram associadas a níveis aumentados de produção de fL-8. **Hyashi et al.** demonstraram que a resposta das células do sistema imunitário inato às bactérias flageladas é mediada por interações entre a flagelina bacteriana e o TLR5. Os dados aqui apresentados indicam que as células epiteliais gástricas expressam TLR5 e respondem a *H. pylori*, pelo menos em parte, através da ativação deste recetor. Enquanto a resposta mediada pelo TLR5 ao *H. pylori* era algo previsível, a não-responsividade das células através do TLR4 foi surpreendente. Enquanto estes estudos estavam em curso, **Kawahara et al.** demonstraram que o LPS da *H. pylori* actuava através do TLR4 para estimular a produção de 02 _ a partir de células da fossa gástrica de cobaia.

Foi demonstrado que as células da fossa gástrica da cobaia eram deficientes na expressão de TLR2 e, por conseguinte, presumiu-se que todas as respostas dependentes de LPS ocorriam através de TLR4. É interessante notar que, nestes estudos, apenas três das seis preparações de LPS testadas foram capazes de ativar Moxl e induzir a expressão de *p67phox*. Anteriormente, Moran *et al.* (20) tinham demonstrado que o componente lipídico A do LPS de *H. pylori* era uma mistura de duas formas: uma variedade predominante de tetraacilo e uma forma menor de hexaacilo. Uma implicação importante desse estudo é que diferentes estirpes de *H. pylori*, ou talvez a mesma estirpe cultivada em condições diferentes, podem produzir lipopolissacáridos que contêm quantidades variáveis de hexaacil ou tetraacil lípido A. De particular importância para os resultados aqui apresentados e para os estudos de **Kawahara et al.** é o facto de a estrutura do tetraacil lípido A de *H. pylori* ser uma reminiscência da estrutura do lípido A de *P. gingivalis,* que demonstrou ser um agonista de TLR2.

Além disso, consistente com este pensamento é a demonstração de que os LPS de *H. pylori* e *P. gingivalis* se ligam mal à proteína de ligação de LPS e são, portanto, transferidos de forma menos eficiente para CD14. Assim, colocamos a hipótese de que a ausência de respostas observada para as três preparações de LPS no estudo de Kawahara pode refletir diferenças nas estruturas lipídicas A produzidas pelas diferentes estirpes de bactérias. Estão em curso estudos para definir a estrutura lipídica A do LPS de *H. pylori* utilizado nos nossos estudos e para determinar se as variações nas condições de cultura e/ou na estirpe de *H. pylori* podem influenciar as capacidades relativas de ativação das células através de TLR2 ou TLR4.

A descoberta de que *a H. pylori* induz respostas nas células epiteliais principalmente através de TLR2 e TLR5, e não de TLR4, pode fornecer algumas pistas sobre as razões para a patogenicidade relativamente baixa deste organismo e a tendência para o desenvolvimento de uma inflamação crónica de baixo nível na mucosa gástrica.

3. METODOLOGIA

3.1 Produtos químicos e reagentes

Os vários produtos químicos e reagentes de biologia molecular foram adquiridos a partir de fontes normais.

3.2 Espécime

3.2.1 Doentes e controlos:

Foram obtidas amostras de biopsia gastroduodenal de doentes submetidos a endoscopia gastrointestinal superior de 60 doentes inscritos no Departamento de Gastroenterologia do Sherd-Kashmir Institute of Medical Science (SKIMS). Foram também obtidas 70 amostras de tecido de doentes submetidos a cirurgia para cancro gástrico no Departamento de Cirurgia, SKIMS. As amostras de biopsia foram recolhidas aleatoriamente de doentes com gastrite e lesões ulcerativas. Só foram incluídas neste estudo as amostras de doentes que, após análise histopatológica, eram positivas para a presença de malignidade gástrica. O diagnóstico de cancro gástrico foi confirmado histologicamente por patologistas do Departamento de Patologia do SKIMS. O estudo foi aprovado pelo Comité de Ética do Sher-i-Kashmir Institute of Medical Sciences.

As amostras de 200 indivíduos saudáveis serviram como controlos. Os controlos foram selecionados aleatoriamente com uma frequência correspondente à dos casos em termos de idade (± 4 anos) e sexo. Os casos e os controlos foram ajustados para a idade e o sexo. Antes da inclusão no estudo, os doentes elegíveis e os controlos saudáveis foram entrevistados sobre a história clínica pessoal e familiar, a educação e o tabagismo.

Todos os participantes foram informados sobre o estudo e deram o seu consentimento por escrito para participarem no estudo. As amostras de tecido foram armazenadas em RNA posterior (Sigma Aldrich) e mantidas a -80C até à sua posterior utilização. Foi preenchido um questionário detalhado para cada doente e controlo. O questionário incluía informações sobre os hábitos alimentares dos indivíduos, bem como sobre o seu estatuto de fumador.

3.2.2 Recolha de amostras/armazenamento

Foram colhidas amostras de sangue periférico de 5 ml em frascos de EDTA ((200µl de 0,5M, pH=8,0)) de doentes com cancro gástrico e de controlos saudáveis e posteriormente armazenadas a -80⁰ C até utilização posterior. As amostras de tecido foram armazenadas em

RNA posterior (Sigma Aldrich) e mantidas a -80C até utilização posterior. Aproximadamente 500 mg de tecido tumoral ressecado cirurgicamente e de tecido normal adjacente a uma distância de 10 cm do local do tumor foram recolhidos diretamente em frascos estéreis contendo RNA posterior *(Sigma Aldrich)* e congelados a -70° C para investigações moleculares. O relatório histopatológico dos tecidos tumorais recolhidos foi obtido no Departamento de Patologia do SKIMS. Os tecidos de cancro gástrico confirmados histopatologicamente e os tecidos normais correspondentes foram utilizados para a análise da expressão do ARNm dos genes TLR2, TLR4 e TLR5, enquanto as amostras de sangue foram utilizadas para a deteção da infeção por H.*pylori*, a análise polimórfica dos genes TLR 4 e IL-8 e a subtipagem Cag A de H.*pylori*.

3.3 Análise polimórfica

3.3.1 Extração e quantificação do ADN genómico

O ADN é extraído das células dos mamíferos através da lavagem das membranas celulares com detergentes como o SDS. O conteúdo proteico das células é então precipitado com solventes orgânicos, como a mistura fenol-clorofórmio-isoamilo, ou com vários sais, como o cloreto de sódio, o acetato de amónio ou o acetato de potássio. Finalmente, o ADN é precipitado com etanol ou isopropanol e o sedimento de ADN é dissolvido em Tris-EDTA. O ADN de elevado peso molecular foi isolado de amostras de sangue utilizando fenol-clorofórmio proteinase K (**Blin N & Stafford DW, 1976**) e/ou um kit de extração de ADN. A composição e a preparação de vários reagentes de biologia molecular são descritas no apêndice II.

3.3.2 Do sangue (Método do fenol-clorofórmio: (Blin N & Stafford DW, 1976)

1. Colocaram-se 5 ml de sangue conservado num tubo falcon (50 ml) ao qual se adicionaram 15 ml de solução de lise de hemácias (ver apêndice II) e mantiveram-se a -20oC durante 30 minutos.

2. A mistura acima referida foi centrifugada a 3000-4000rpm a 4⁰ C durante 10 minutos e decantada para eliminar o sobrenadante.

3. O sedimento remanescente foi suspenso em 10 ml de solução salina com EDTA (SE) e agitado em vórtice brevemente para garantir que não restassem aglomerados de células.

4. À suspensão, adicionou-se 1ml de SDS 10% e proteinase K a uma concentração final de

100µg/ml e incubou-se a 37%' em banho-maria durante uma noite.

5. No dia seguinte, foi adicionado um volume igual de fenol saturado TE (ver apêndice II) e a mistura foi misturada suavemente por inversão dos tubos num agitador suspenso durante 15 minutos.

6. Os tubos foram depois centrifugados a 3000-4000 rpm a 40C durante 15 minutos.

7. A fase aquosa sobrenadante foi recolhida num novo tubo de polipropileno, sem perturbar a interfase, com a ajuda de uma micropipeta equipada com uma ponta de furo largo.

8. Ao sobrenadante da etapa anterior, adicionou-se um volume igual de fenol-clorofórmio-álcool isoamílico saturado TE (25:24:1) e a mistura foi agitada num agitador suspenso durante 15 minutos, repetindo-se as etapas 6 e 7.

9. Ao sobrenadante assim obtido num novo tubo, adicionou-se um volume igual de clorofórmio-álcool isoamílico (24:1), agitou-se cada tubo e repetiu-se as etapas 6 e 7.

10. Ao sobrenadante da etapa anterior, adicionou-se 1/10 volumes de solução de acetato de sódio 3M refrigerada (pH=5,2) e 2,5 volumes de etanol refrigerado ou igual volume de isopropanol e misturou-se invertendo suavemente o tubo. Se surgisse um precipitado visível de ADN genómico, este era transferido para um tubo de microcentrífuga de 1,5 ml e centrifugado a 6000 rpm durante 5 minutos. O sedimento assim obtido foi lavado com 500µl de etanol a 70% e centrifugado novamente. A lavagem foi repetida.

11. Se o precipitado de ADN genómico não fosse visível, os tubos eram então deixados em repouso a -70° C durante 10 minutos ou a -20° C durante uma noite. No dia seguinte, o tubo foi centrifugado a 6000 rpm a 40 °C durante 45 minutos. O sedimento assim obtido foi lavado duas vezes com etanol a 70%, como acima indicado.

12. O pellet de ADN seco ao ar/vácuo foi dissolvido em 200µl de tampão de armazenamento de ADN e armazenado a 40C ou a -200C durante períodos mais longos.

3.3.3 Quantificação

A concentração do ADN obtido foi medida num espetrofotómetro Micro-Volume UV-Vis (Thermo Scientific NanoDrop 2000) a 260 nm de comprimento de onda.

A pureza do ADN foi verificada utilizando o rácio A_{260}/A_{280}.

3.3.4 Análise de ADN

A qualidade do DNA/RNA obtido das amostras de tecido e de sangue foi analisada em gel de agarose a 1%.

3.4 Eletroforese em gel de agarose

3.4.1 Princípio

A eletroforese é uma técnica de separação de moléculas com base no peso molecular e na carga eléctrica. A matriz utilizada na EGA é a agarose, à qual se adiciona o corante brometo de etídio. A agarose é um polissacárido linear obtido a partir de algas marinhas e é constituído pela unidade básica repetida - agarobiose, que compreende unidades alternadas de galactose e 3, 6 -anidrogalactose. Brometo de etídio

O corante, que é adicionado ao gel, fica intercalado entre as bases do ADN, convertendo assim a hélice torcida numa estrutura linear. Após a eletroforese com o tampão Tris-borato/acetato a servir de eletrólito, o ADN carregado negativamente no gel move-se em direção ao elétrodo positivo (ânodo).

A mobilidade do ADN depende de

- Concentração de agarose no gel - À medida que a concentração de agarose aumenta, o poder de resolução também aumenta e a mobilidade do ADN é mais lenta.

- Mobilidade do ADN $1/\alpha$ Concentração do gel

- Peso molecular do ADN - Os fragmentos mais pequenos movem-se mais rapidamente do que os maiores.

- Mobilidade doDNA $1/\alpha$ Massa molecular

3.4.2 Procedimento.

1. Os bordos do tabuleiro de gelagem foram selados com fita adesiva para formar um molde. O tabuleiro foi colocado numa bancada nivelada e um pente adequado para formar as ranhuras das amostras no gel foi posicionado 0,5 a 1,0 mm acima da placa para formar um poço completo quando a agarose foi vertida no molde.

2. A 0,3 g de agarose foram adicionados 30 ml de tampão TAE IX (ver apêndice II) num frasco cónico e o nível da pasta foi marcado com um marcador no frasco. O volume foi suficiente para preparar um gel de 3 mm a 5 mm de espessura.

3. Aquecer a pasta num banho de água a ferver até à dissolução da agarose. O volume da solução foi verificado com a ajuda da marca efectuada no frasco, tendo sido reabastecido com água quando necessário. Deixou-se arrefecer a solução de gel até cerca de 50° C e adicionou-se brometo de etídio a uma concentração final de 0,5µg/ml. A solução de gel foi misturada cuidadosamente por agitação suave.

4. A agarose quente foi vertida para o tabuleiro de gel selado e deixada a solidificar completamente durante 30-45 minutos à temperatura ambiente. Quando o gel estava bem solidificado, o pente e a fita foram cuidadosamente retirados e o gel foi montado na cuba de eletroforese. O tampão de eletroforese (IX TAE) foi adicionado à cuba para cobrir o gel até uma profundidade de cerca de 1-2 mm.

5. 2µl de amostras de ADN, 3µl de tampão de carregamento em gel 6X (ver apêndice II) e 10µl de água desionizada foram misturados em tubos de microcentrífuga e carregados nos poços juntamente com um marcador de tamanho molecular num dos lados do gel.

6. A eletroforese foi efectuada a 80 volts até que o corante tivesse migrado uma distância suficiente através do gel. A corrente eléctrica foi desligada e o gel foi examinado num iluminador UV e fotografado.

3.5 Reação em cadeia da polimerase

3.5.1 Princípio e aplicação

A reação em cadeia da polimerase (PCR), uma técnica poderosa desenvolvida por uma equipa dirigida por *Kary Mullis* na Cetus Corporation, é utilizada para amplificar um segmento de ADN in vitro (**Mullis et al., 1987**). Este método pode produzir uma grande quantidade de uma sequência específica de ADN a partir de um modelo de ADN complexo numa reação enzimática simples. Este método utiliza uma ADN polimerase e dois primers de oligonucleótidos para sintetizar um ADN específico a partir de uma sequência modelo de cadeia simples. Os oligonucleótidos têm normalmente sequências diferentes e são complementares a sequências que se encontram em cadeias opostas do ADN modelo e flanqueiam o segmento de ADN que deve ser amplificado. O comprimento dos iniciadores, normalmente 20 bases ou mais, deve ser suficiente para ultrapassar a probabilidade estatística de a sua sequência ocorrer aleatoriamente no número esmagadoramente elevado de sequências de ADN não alvo na amostra. A PCR é efectuada numa série de ciclos. Cada ciclo começa com um passo de desnaturação para tornar o ADN alvo de cadeia simples. Segue-se um passo de recozimento durante o qual os iniciadores se recozem às suas sequências complementares de modo a que as suas extremidades hidroxilo 3' fiquem viradas para o alvo. Finalmente, cada iniciador é estendido através da região alvo pela ação da ADN polimerase. Uma vez que os produtos de uma ronda de amplificação servem de modelos para o ciclo seguinte, os ciclos de três passos são repetidos até que seja produzida uma quantidade suficiente de produto. O principal produto desta reação exponencial é um segmento de ADN de cadeia dupla cujas extremidades são definidas pelas extremidades 5' dos primers de oligonucleótidos e cujo comprimento é definido pela distância entre os primers. Além disso, durante a reação são geradas moléculas de ADN mais longas. Por exemplo, os produtos de uma primeira ronda de amplificação bem sucedida são moléculas de ADN de tamanho heterogéneo, cujos comprimentos podem exceder a distância entre os locais de ligação dos dois iniciadores. Na segunda ronda, estas moléculas geram moléculas de ADN de comprimento definido que se acumulam de forma exponencial nas rondas posteriores de amplificação e formam os produtos dominantes da reação. Embora as moléculas mais longas continuem a ser formadas a partir do modelo de ADN original em cada ronda, acumulam-se apenas a uma taxa linear e, por conseguinte, não contribuem significativamente para o produto final.

As primeiras experiências de PCR utilizavam o fragmento Klenow da *Escherichia coli* DNA polimerase I a uma temperatura de 37^0 C e produziam frequentemente produtos-alvo de pureza incompleta, conforme avaliado por eletroforese em gel. No entanto, o isolamento de uma DNA polimerase resistente ao calor de *Thermus aquaticus* (*Taq*) (**Chien et al., 1976**) permite que o recozimento e a extensão do iniciador sejam efectuados a uma temperatura elevada, reduzindo assim o recozimento não compatível com sequências não alvo. Esta maior seletividade resulta na produção de grandes quantidades de ADN alvo praticamente puro. Outra vantagem importante da *Taq* polimerase é que escapa à inativação a temperaturas mais elevadas e não precisa de ser substituída após cada passo de desnaturação. Este facto permitiu a automatização da PCR utilizando máquinas com capacidade de aquecimento e arrefecimento controlado. Isto resulta em melhorias substanciais na especificidade e rendimento das reacções de amplificação e no tamanho do produto amplificado. Por exemplo, entre 0,5μg e 1,0μg de ADN alvo até 2kb de comprimento podem ser obtidos a partir de 30-35 ciclos de amplificação com apenas 10-60μg de ADN genómico.

3.5.2 Procedimento para a amplificação por PCR do gene glmM (deteção de H.*pylori*), dos genes TLR4 e IL-8:

Foram tomadas todas as precauções para assegurar a amplificação do ADN sem contaminação. A prevenção da transferência através da separação das etapas pré e pós-PCR e a utilização de pontas sem aerossóis foram rigorosamente seguidas. Os resultados foram considerados válidos apenas na reprodução dos mesmos em duas experiências independentes.

3.5.2.1 Equipamentos e reagentes

1. Termociclador (Bio-rad Thermocycler/Palm cycler/Applied Biosystems Inc.).

2. Micropipetas

3. Tubos PCR de 0,2 ml.

4. ADN genómico: 250 ng/µl

5. Tampão PCR 10X: 100 mM Tris-HCl, pH 8,3; 500 mM KCl; 15 mM MgCh; 0,1% de gelatina e 1% de Triton X100.

6. Desoxirribonucleótido trifosfato: 10 mM de cada dATP, dCTP, dGTP e dTTP.

7. Primers: 10µM em água desionizada estéril.

8. *Taq* DNA polimerasei5U/µl.

3.5.2.2 Primers para amplificação

Os primers utilizados para a amplificação das regiões-alvo do gene glmM, TLR4 (Asp299Gly, Thr399Ile), *IL-8 (-251T/A)* SNPs e subtipagem CagA do gene CagA de H.*pylori* são apresentados na (Tabela 3.1)

3.5.2.3 Protocolo

A reação de amplificação foi realizada em 25µl de volume de reação em tubos PCR de 0,2ml. A reação continha os seguintes volumes de reagentes:-

1.1 OXPCRbuffer2   .5µl

2.1 OmM dNTP mix0   .5µl

3.Sense Primer0   .5µl

4. Primário anti-sentido0   ,5µl

5.   *Taq* DNApolimerase (5U/ µl)   0,125µl

6.   ADN genómico1   .0µl

7.   Água destilada19   ,875µl

Volume total25   ,0µl

Os reagentes acima mencionados foram pipetados para um tubo de PCR de parede fina de 0,2 ml, cobertos com uma gota de óleo mineral leve e colocados no termociclador.

Foi utilizado o seguinte perfil de temperatura para a amplificação:-

1.   Desnaturação   inicial95^0 C durante 4 minutos.

2.   Desnaturação950C   durante 30 segundos.

3.   Recozimentoχ0C   durante 30 segundos.*

4.   Extensão720C   durante 30 segundos.

5.   Extensão final720C   durante 7 minutos.

O perfil de temperatura dos passos 2-4 foi utilizado durante 35 ciclos antes da extensão final.

* x foi 5-100C inferior à temperatura de fusão (T_m) dos iniciadores e foi calculada através da seguinte fórmula.

Forprimers com 14-25 nucleótidos de comprimento:

T_m = [2^0 C X (número de bases A e T)] + [4^0 C x (número de bases G e C)].

Tabela 3.1 : Sequências de primers e temperaturas de recozimento dos genes glmM, *TLR 4, IL8* e CagA.

SNP	rs não	Sequência do iniciador	Temperatura de recozimento.	Tamanho do amplicon (bp)
TLR4 Asp299Gly	4986790	F-5'- GATTA GCATA CTTAG ACTACTACCT CCATG-3' R-5'-GATCAACTTC TGA AAGCA TTC CCA C-3'	55 C^0	249 pb
TLR4 Thr399Ile	4986791	F-5 '-GGTTGCTGTTCTCTCA AGTGATT TTGGGAGAA-3' R-5 '-CCTGAAGACTGGAGAGTGAGTTA AA	55 C^0	406 pb

		TGCT-3'		
IL-8 -251T/A	4073	F1-5'- CAT GATAGC ATC TGTAAT TAA CTG-3' R1-5'-CACAAT TTGGTGAATTATCAA A-3 ' F2-5'-GTT ATCTAG AAATAA AAA AGC ATA CAA-3' R2-5'-CTC ATC TTT TCA TTA TGT CAG AG-3'	58 C⁰	F1/R2 349 pb (banda comum) Talha 169bp Aallele 228bp
GlmM		F-5'-AAGCTTTTAGGGGTG TTAGGTTT-3' R 5'-AAGCTTACTTTCTAACACTAACGC-3'	55 C⁰	294 pb
cag2a		5'-GGAACCCTAGTCGGTAATG-3'		
cag4a		5'- ATCTTTGAGCTTGTCTATCG-3'		
cagA28F		5' - TTCTCAAAGGAGCAATTGGC-3'		
cagA-P1C		5'- GTCCTGCTTTTTTTTTATTAACTTKAGC-3'	57 C⁰	P1/264
cagA- P2CG		5'- TTTAGCAACTTGAGCGTAAATGGG-3'		P2/309
cagA-P2TA		5'- TTTAGCAACTTGAGTATAAATGGG-3'		P2
cagA-P3E		5'- ATCAATTGTAGCGTAAATGGG-3'		P3/468; P3P3/570; P3P3P3/672
EPIYA-C/ CagAWest		5'- TTT CAAAGG GAAAGG TCC GCC-3'		501
EPIYA-D/ CagAEast		5'- AGA GGG AAG CCT GCT TGA TT-3'		495

F= iniciador de jbrward; R= iniciador de reverse; bp= par de bases

3.6. Polimorfismo de comprimento de fragmento de restrição para determinação do genótipo

O RFLP, que é o método de genotipagem simples, barato e comum, foi utilizado no nosso estudo.

3.6.1. Princípio

A endonuclease de restrição do tipo II para a deteção de SNP é selecionada de forma a reconhecer e clivar uma das bases polimórficas. Após incubação a uma temperatura óptima e durante um período de tempo ótimo com um tampão, a enzima restringe o ADN, num local específico. A eletroforese dos produtos digeridos produz fragmentos de tamanhos baseados no padrão de clivagem. Se ambos os alelos tiverem a base reconhecida pela enzima, obtêm-se fragmentos de tamanhos cumulativos com o produto não digerido (homozigótico para essa base). Se um dos alelos contiver uma base diferente, então o único alelo é clivado, resultando normalmente em 3 fragmentos - o produto original não digerido e dois fragmentos digeridos de tamanhos cumulativamente correspondentes ao produto PCR original (Heterozigótico). A ausência da base reconhecida pela enzima não resulta em digestão, mantendo-se assim o produto PCR original (Homozigótico).

3.6.2. Enzimas de restrição para RFLP

As enzimas de restrição para os SNP do TLR4 (Asp299Gly) e (Thr399Ile) foram obtidas na literatura, como indicado no quadro 3.2. O protocolo para a digestão com endonuclease de restrição é o seguinte.

Reagentes	Volume
Água	18µl
10x BufferR	2µl
Produto PCR	10µl
Enzima de restrição	0,5- 1µl

Os produtos de PCR foram visualizados num gel de agarose a 3% contendo 0,5 µg/ml de brometo de etídio e fotografados. Devido à pequena diferença no tamanho dos fragmentos clivados, os produtos digeridos também foram visualizados em 20% Native PAGE para uma melhor resolução.

SNP	Enzima de restrição	Incubação	Comprimento dos fragmentos digeridos (bp)
TLR4 (A+89 6G)	*Nco* I (Fermentas)	37⁰ C durante 16 horas	AA- 249 pb, AG- 249 pb, 226 pb, 23 pb GG- 226 pb, 23 pb
TLR4 (C+119	*Hinf* I (fermentas)	37⁰ C durante 16 horas	CC- 406 pb CT- 406, 377 pb, 29 pb

6T)			TT- 377 pb, 29 pb

Tabela 3.2 Enzimas de restrição e comprimentos dos fragmentos digeridos

3.7 . Primers de dois pares em confronto (CTPP-PCR) para genotipagem

A CTPP-PCR é um método comum e barato para efeitos de genotipagem.

3.7.1. Princípio

Foi desenvolvida uma técnica de genotipagem de SNP sem enzimas de restrição denominada[n] PCR with confronting two-pair primers (PCR-CTPP)". Utiliza quatro iniciadores para a PCR; Fl e Rl para um alelo e F2 e R2 para o outro alelo, através dos quais são amplificados três tamanhos diferentes de ADN; entre Fl e Rl, entre F2 e R2 e entre Fl e R2. Não há dúvida de que o método PCR-CTPP é adequado e fiável para a maioria dos casos de SNP. Este método reduz consideravelmente a necessidade de consumir enzimas de restrição. No entanto, os critérios para os primers PCR-CTPP apenas toleram uma pequena diferença na temperatura de fusão ($Tm\text{-}diff$) entre os quatro primers no método PCR-CTPP. Além disso, também é necessário ter em conta as restrições típicas da conceção de primers, tais como o comprimento do primer, a diferença de comprimento do primer, o comprimento do produto PCR, a proporção GC, a temperatura de fusão (ТД GC clamp, dímero (incluindo dímeros cruzados e autodímeros), a estrutura hairpin e a especificidade.

3.7.2. Protocolo para IL~8-251 T/A SNP

A reação de amplificação foi realizada em 25µl de volume de reação em tubos PCR de 0,2ml. A reação continha os seguintes volumes de reagentes:-

1.1   OXPCRbuffer2   .5µl

1.10 Mistura de dNTP mM0   ,5µl

3.   Primário Sense (Fl)   0,5µl

4.   Primer anti-sentido (Rl)   0,5µl

5.   Primer Sense (F2)   0,5 µl

6.   Primer anti-sentido (R2)   0,5 µl

7.   *Taq* DNApolimerase (5U/µl)   0.125µl

8.   ADN genómico1   .0µl

9.   Água destilada18   ,875µl

Volume total25   ,0µl

Os reagentes acima mencionados foram pipetados para um tubo de PCR de parede fina de 0,2 ml, cobertos com uma gota de óleo mineral leve e colocados no termociclador.

Foi utilizado o seguinte perfil de temperatura para a amplificação:-

1.   Desnaturação   inicial95^0 C durante 4 minutos.

2.   Desnaturação950C   durante 30 segundos.

3.   Recozimento580C   durante 30 segundos.

4.   Extensão720C   durante 30 segundos.

5.   Extensão final720C   durante 7 minutos.

Os produtos de PCR foram visualizados num gel de agarose a 2 % contendo 0,5 µg/ml de brometo de etídio e fotografados.

Genótipo IL-8	Tamanho do amplicon
Banda comum (F1 a R2)	349 pb
TT	349 pb, 169 pb
TA	349 pb, 169 pb, 228 pb
AA	349 pb, 228 pb

3.8. Análise da expressão do ARN

3.8.1 Visão geral e princípio da PCR em tempo real

A reação em cadeia da polimerase em tempo real (PCR em tempo real) é uma modificação recente da PCR que está a alterar rapidamente a natureza da investigação científica biomédica. Foi introduzida pela primeira vez em 1992 por Higuchi e colaboradores e tem registado um rápido aumento da sua utilização desde então **(Higuchi et al., 1992, 1993)**. A PCR em tempo real permite a quantificação precisa de ácidos nucleicos específicos numa mistura complexa, mesmo que a quantidade inicial de material tenha uma concentração muito baixa. Isto é conseguido através da monitorização da amplificação de uma sequência alvo em tempo real utilizando tecnologia fluorescente. Assim, à medida que o número de cópias do gene aumenta durante a reação, a fluorescência aumenta. Isto é vantajoso porque a eficiência e a taxa da reação podem ser vistas. Na PCR quantitativa (qPCR), os produtos da PCR são marcados com uma molécula repórter fluorescente e a quantidade de produto é determinada pela medição da intensidade de fluorescência da reação. O sinal fluorescente pode ser medido durante o processo de amplificação (qPCR em tempo real). A análise qPCR em tempo real é efectuada durante a fase exponencial de uma reação de amplificação, em que existe uma relação direta entre a quantidade de produto, a intensidade do sinal e a quantidade de modelo inicial presente. Nesta fase, a quantidade de produto gerado pela reação não é limitada pelo esgotamento dos reagentes necessários, pela acumulação de inibidores ou pela inativação da polimerase.

3.6.3.   . Moléculas Repórteres ou Método de Deteção

Em geral, existem dois métodos de deteção gerais utilizados para a qPCR. O método do intercalador utiliza um corante de ligação ao ADN não específico, como o SYBR® Green I, que fluoresce após intercalação no dsDNA. À medida que a quantidade de dsDNA numa reação de PCR aumenta (por amplificação específica), a quantidade de fluorescência de SYBR® Green I observada também aumenta. O segundo método de deteção, a deteção por sonda, utiliza uma sonda específica de sequência duplamente marcada, composta por um oligonucleótido marcado com um corante fluorescente e um supressor. Esta sonda fluoresce apenas quando a sonda hibridiza com um alvo específico. À medida que a quantidade de ADN alvo numa reação aumenta, a quantidade de fluorescência observada a partir da hibridação da sonda também aumenta.

3.6.4. Extração de ARN de tecidos congelados

Os tecidos devem ser armazenados a -80 C°

1.   Adicionar Trizol à amostra congelada (1 ml de Trizol por 50-100 mg de tecido) e passar imediatamente à etapa 3.

2.   Homogeneizar utilizando um homogeneizador de tecidos (por exemplo, Polytron) enquanto

manter a amostra em gelo.

3.   Deixar à temperatura ambiente durante 15-20 minutos para lisar completamente todas as células e recuperar todo o ARN.

Separação de fases

4.   Adicionar 200 μl de clorofórmio por 1 ml de trizol

5.   Agitar vigorosamente mas sem agitar em vórtice

6.   Deixar durante 2-3 minutos à temperatura ambiente.

7.   Centrifugar durante 0 min a 12000 g e 4 C^0

8.   Aspirar cuidadosamente a fase aquosa superior que contém o ARN e transferir para um novo tubo de 1,5 ml.

Precipitação do ARN

9.   Adicionar a cada tubo 500 μl de isopropanol por 1 ml de Trizol utilizado na homogeneização inicial.

10.   Misturar por inversão de tubos

11.   Incubar 10-15 minutos à temperatura ambiente

12.   Centrifugar 10 min a 12000 g e 40C

13.   Aspirar cuidadosamente o sobrenadante por decantação

14.   Lavar o sedimento com 1 ml de etanol a 70%

15.   Centrifugar 5 min a 7500 g e 40C

16.   Aspirar o sobrenadante por decantação

17.   Centrifugar brevemente o etanol restante e remover por pipetagem com uma ponta afiada.

18.   Secar o granulado ao ar durante 1-5 minutos até obter um aspeto vidrado ligeiramente transparente.

19.   Dissolver imediatamente em água purificada (grau Milli-Q, Millipore).

3.8.4 Quantificação e análise do ARN

A concentração do ARN obtido foi medida num espetrofotómetro Micro-Volume UV- Vis (Thermo Scientific NanoDrop 2000) a 260 nm de comprimento de onda.

A pureza do ARN foi verificada através do cálculo do rácio A_{260}/A_{280}.

A qualidade do ARN obtido a partir das amostras de tecido foi analisada num gel de formamida a 1%.

3.8.5 Procedimento para a síntese da primeira cadeia de cDNA

A reação de cDNA da primeira cadeia pode ser realizada como uma reação individual ou como uma série de reacções paralelas com diferentes modelos de ARN. Por conseguinte, a mistura de reação pode ser preparada combinando os reagentes individualmente ou pode ser preparada uma mistura principal que contenha todos os componentes, exceto o modelo de ARN. Dependendo da estrutura do modelo de ARN, a realização de passos separados para a desnaturação do ARN e o recozimento do iniciador pode melhorar os resultados da RT-PCR.

3.8.5.1   Protocolo de síntese de cDNA de primeira cadeia

1. RNA modelo0   ,1ng -5µg

2. Oligo (dT) 18 primer1µl   (100pmol)

3. Mistura de dNTP 10mM1µl   (0,5mM)

4. Água, sem nuclease   15µl

Centrifugar e misturar brevemente

1.   Incubação65⁰ C durante 5 minutos

2.   Chillonice10-15minutos

Centrifugar e misturar brevemente

7. Tampão   5XRT4µl

8. Mistura de enzimas premium RevertAid™1   µl

Volume total20   µl

Misturar suavemente e centrifugar

9.   Incubação50⁰ C durante 30 minutos

10. Terminar a   reacção85⁰ C durante 5 minutos

3.8.6 Amplificação por PCR em tempo real dos *genes TLR2, TLR4, TLR5 e GAPDH*

Um ensaio SYBR Green I utiliza um par de primers de PCR que amplifica uma região específica dentro da sequência alvo de interesse e inclui SYBR Green 1 para detetar o produto amplificado. Os passos para desenvolver um ensaio SYBR Green I são:

Conceção de primers e de amplicons.

Validação e otimização do ensaio

Misturas principais de PCR em tempo real pré-formuladas que contêm tampão, DNA polimerase, dNTPs e corante SYBR Green I. As reacções de qPCR SYBR Green I optimizadas devem ser sensíveis e específicas e devem apresentar uma boa eficiência de amplificação numa vasta gama dinâmica.

3.8.6.1 Equipamentos e reagentes

1. Termociclador (Bio-rad Thermocycler/Palm cycler/Applied Biosystems Inc.).

2. Micropipetas

3. Placa de 96 poços/8 tiras de tubos/tubos.

4. cDNA: 250 ng/µl

5. Maxima SYBR Green qPCR Master Mix (2X)

6. Primers: 10µM em água estéril isenta de nuclease.

3.8.6.2 Protocolo de amplificação de PCR em tempo real

1. Maxima SYBR Green qPCR Master Mix (2X)   12,5 µl

2. Primário direto   .5 µl (0,2µM)

3. Primário inverso0   ,5 µl (0,2µM)

4. Solução ROX0   ,25 µl (10nM)

5. Modelo (cDNA)   2 µl

6. Água, sem nuclease9   ,25 µl

7. Volume total25   µl

Os reagentes acima mencionados foram pipetados numa placa de 96 poços com um volume de 0,2 µl e colocados no termociclador. Foi utilizado o seguinte perfil de temperatura para a amplificação:

1. Desnaturação   inicial95^0 C durante 7 minutos

2. Desnaturação950C   durante 30 segundos

3. Recozimento60OC   (x) durante 30 segundos.*

4. Extensão72OC   durante 45 segundos.

5. Extensão final72OC   durante 7 minutos.

O perfil de temperatura dos passos 2-4 foi utilizado durante 40 ciclos antes da extensão final.

* x foi 5-10OC inferior à temperatura de fusão (T_m) dos iniciadores e foi calculada através da seguinte fórmula.

Tm = [2OC x (número de bases A e T)] + [4OC x (número de bases G e C)]

Tabela 2.4: Sequências de iniciadores e temperaturas de recozimento de *GAPDH*, *TLR2*, *TLR4* e *TLR5* qRT-PCR

Gene	Sequência do iniciador	Tm (°C)
GAPDH	F-5 -GAGTCAACGGATTTGGTCGT-3″ R-5 -GAGGTCAATGAAGGGGTCAT-3″	60
TLR 2	F-5 -ATTGTGCCCATTGCTCTTTC-3″ R-5 -TTCTTCCTTGGAGAGGCTGA-3″	60
TLR 4	F-5 -AATCCCCTGAGGCATTTAGG-3″ R-5 -CCCCATCTTCAATTGTCTGG-3″	60
TLR 5	F-5 -GACCCTCTGCCCCTAGAATAA-3″ R-5ʼ -GGAGAAGGTCCAGGTGGTCT-3 '	60

4.   RESULTADOS

4.ı Caraterísticas clínico-epidemiológicas de

DOENTES COM CANCRO GÁSTRICO

Foram obtidas amostras de biopsia gastroduodenal de doentes submetidos a endoscopia gastrointestinal superior de 60 doentes inscritos no Departamento de Gastroenterologia do Sherd-Kashmir Institute of Medical Science (SKIMS). Foram também obtidas 70 amostras de tecido de doentes submetidos a cirurgia para cancro gástrico no Departamento de Cirurgia, SKIMS. O diagnóstico de cancro gástrico foi confirmado histologicamente por patologistas do Departamento de Patologia, SKIMS. O estudo foi aprovado pelo Comité de Ética do Sher-i-Kashmir Institute ofMedical Sciences.

As amostras de 200 indivíduos saudáveis serviram como controlos. Os controlos foram selecionados aleatoriamente com uma frequência correspondente à dos casos em termos de idade (± 4 anos) e sexo. Os casos e os controlos foram ajustados para a idade e o sexo. Antes da inclusão no estudo, os doentes elegíveis e os controlos saudáveis foram entrevistados sobre a história clínica pessoal e familiar, a educação e o tabagismo.

Todos os participantes foram informados sobre o estudo e deram o seu consentimento por escrito para participarem no estudo. As amostras de tecido foram armazenadas em RNA posterior (Sigma Aldrich) e mantidas a -80C até utilização posterior. Foi preenchido um questionário detalhado para cada doente e controlo. O questionário incluía informações sobre os hábitos alimentares dos indivíduos, bem como sobre o seu estatuto de fumador.

Foram colhidas amostras de sangue periférico de 5 ml em frascos de EDTA ((200μl de 0,5M, pH=8,0)) de doentes com cancro gástrico e de controlos saudáveis e posteriormente armazenadas a -80⁰ C até utilização posterior. As amostras de tecido foram armazenadas em RNA posterior (Sigma Aldrich) e mantidas a -80C até utilização posterior. Aproximadamente 500 mg de tecido tumoral ressecado cirurgicamente e de tecido normal adjacente a uma distância de 10 cm do local do tumor foram recolhidos diretamente em frascos estéreis contendo RNA later *(Sigma Aldrich)* e congelados a -70° C para investigações moleculares.

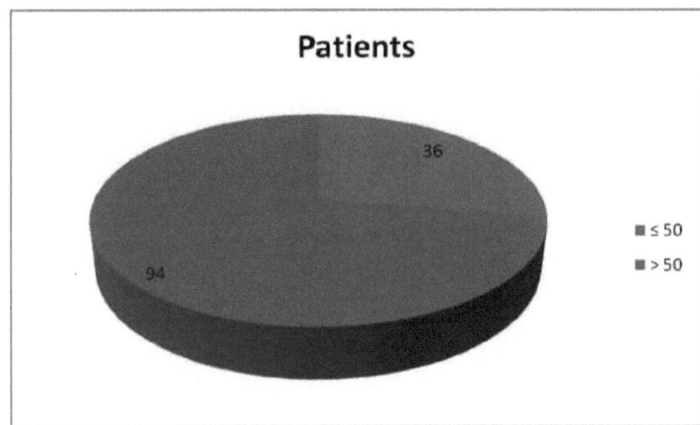

Figura 1: Distribuição etária dos doentes com cancro gástrico

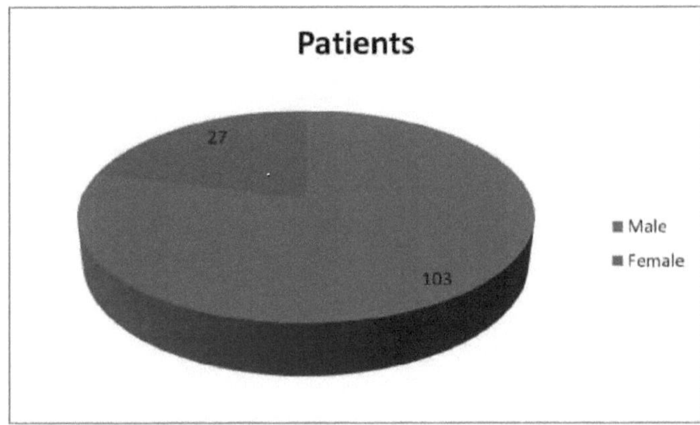

Figura 2: Distribuição por género dos doentes com cancro gástrico

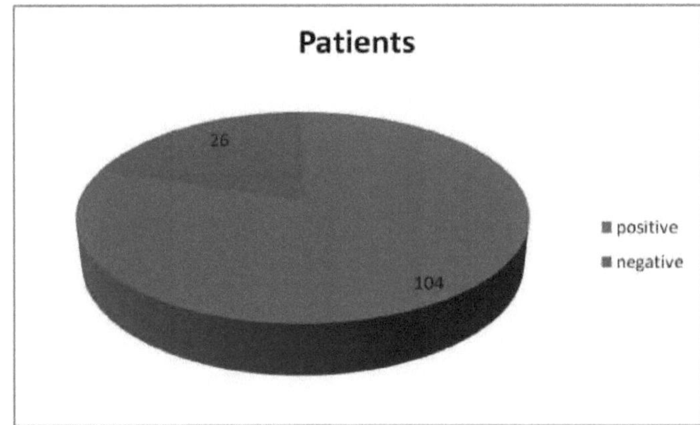

Figura 3: Estado da *U. pylori* nos doentes com cancro gástrico

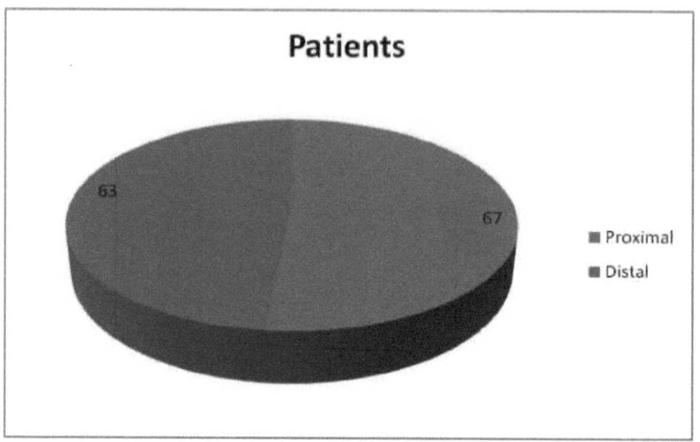

Figura 4: Localização anatómica dos tumores

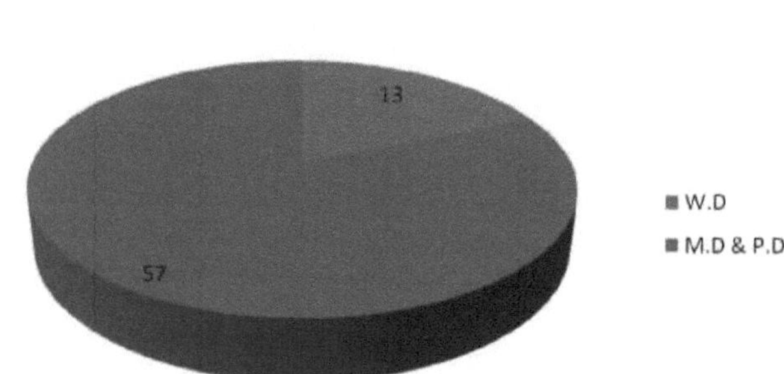

W.D= Bem diferenciado; M.D= Moderadamente diferenciado; P.D= Pouco diferenciado

Figura 5: Grau do tumor dos doentes

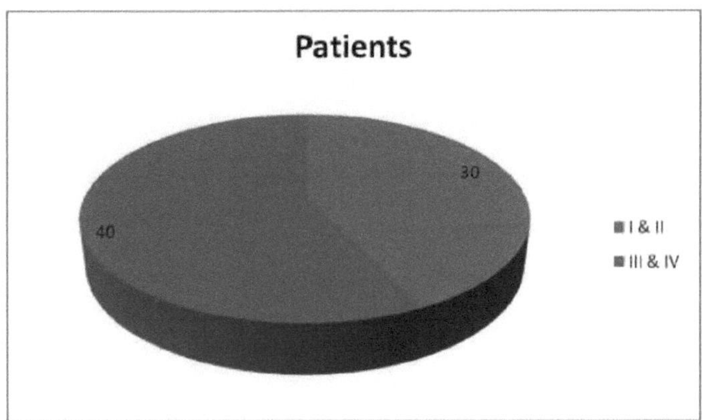

Figura 6: Estadiamento tumoral dos doentes com cancro gástrico

Tabela 4.1 : Análise da distribuição de frequências de factores demográficos e de risco selecionados em casos e controlos de cancro gástrico

Parâmetro	Casos (n=130)	Controlos (n=200)	Valor P
Idade			
≤50	36 (27.3%)	42 (21%)	0.18
>50	94 (72.7%)	158 (79%)	
Sexo			
Masculino	103 (79%)	149 (74.5%)	0.35
Feminino	27 (21%)	51 (25.5%)	

4.2 DNAEXTRACÇÃO

O ADN de elevado peso molecular foi isolado das amostras e confirmado com o marcador de tamanho molecular, como indicado na figura 4.1. A pureza do ADN isolado variou entre 1,6 e 1,8.

4.3 DETECÇÃO de *W. pylori*

A deteção de H.pylori por PCR foi efectuada através da amplificação de um amplicon de 294 pb do gene glm M. A imagem representativa do gel é apresentada na Figura 4.2.

Das 130 amostras de cancro gástrico analisadas, 104 (80%) eram positivas para a infeção por H.pylori e apenas 26 (26%) eram negativas para a infeção por H.pylori.

4.4.1 PCR-RFLP para os SNP Asp299Gly (A+896G) e Thr399Ile (C+1196T)

A amplificação por PCR das regiões do gene TLR 4 que contêm os SNP (A+896G) e (C+1196T) foi efectuada utilizando dois conjuntos de iniciadores. Os tamanhos dos amplificadores para as regiões (A+896G) e (C+1196T) foram 249 e 406 pb, respetivamente.

As figuras 4.3 e 4.4 mostram a imagem do gel para os amplicons (A+896G) e (C+1196T), respetivamente.

Para os SNP (A+896G) e (C+1196T), após digestão, os alelos TLR4 de tipo selvagem mantêm os tamanhos de 249 pb e 406 pb, respetivamente. Os portadores do alelo polimórfico apresentaram uma banda de 226 pb para o SNP (A+896G) e uma banda de 377 pb para o alelo (C+1196T), como indicado nas figuras 4.5 e 4.6. Não foi encontrado qualquer alelo mutante para nenhum dos dois polimorfismos.

4.4.2 Resultados

Examinámos um total de 130 doentes com cancro gástrico e 200 controlos correspondentes em termos de idade e sexo. A distribuição dos genótipos entre controlos e casos para TLR 4 Asp299Gly e Thr399Ile e IL 8 T 251A é apresentada no quadro 4.3. Entre os 130 doentes com cancro gástrico, 17,3% tinham um polimorfismo TLR-4 Asp299Gly e 12,24% tinham um polimorfismo TLR-4 Thr399Ile, enquanto 7,6% apresentavam ambos os polimorfismos TLR-4 Asp299Gly e Thr399Ile. Entre os 200 controlos saudáveis, 15,49% tinham o polimorfismo TLR-4 Asp299Gly e 9% tinham o polimorfismo Thr399Ile. Comparando todos os doentes com cancro gástrico com controlos saudáveis, o OR ajustado para o risco de cancro gástrico foi de 1,15 (IC 95%, 0,8357-1,3463) e 1,39 (0,69642,781) para Asp299Gly e Thr399Ile, respetivamente (Quadro 4.2). Embora nenhum destes polimorfismos tenha sido estatisticamente associado de forma significativa ao cancro gástrico, a análise do Odds Ratio mostrou que o genótipo CT é um fator de risco para o desenvolvimento de cancro gástrico.

Os ORs ajustados foram avaliados utilizando modelos de herança recessiva, dominante, codominante e aditiva. O modelo de hereditariedade com o valor p mais baixo é considerado adequado para os dados SNP individuais. Os polimorfismos TLR4 Asp299Gly e Thr399Ile não apresentam o genótipo variante em nossa população. Comparando os genótipos A/A e A/G, a frequência do genótipo A/A é maior tanto nos casos como nos controlos, indicando que estes seguem o modelo de herança dominante (Tabela 4.3 e 4.4).

Estudámos a associação do polimorfismo Asp299Gly com estas caraterísticas clinicopatológicas e verificámos que o portador do alelo G estava significativamente associado (valor de p 0,03) ao desenvolvimento de tumores na parte distal do estômago. O estudo do polimorfismo Thr399Ile revelou que o portador do alelo T estava significativamente associado ao desenvolvimento de adenocarcinoma gástrico bem diferenciado (Quadro 4.5).

Tabela 4.2 : Frequências genotípicas e alélicas entre casos e controlos

SNP	Controlos (200)	Casos(130)	OR(IC95%)/P valor
Asp299Gly(A/G)			
AA	169(84.5%)	107(82.6%)	1.15(0.6575-
AG	31(15.4%)	23(17.3%)	2.0295)/0.64
Thr399Ile(C/T)			
CC	182(90.9%)	114(87.8%)	1.39(0.6964-
TC	18(9.0%)	16(12.2%)	2.78)/0.37

Tabela 4.3; Associação do polimorfismo *TLR 4* Asp299Gly com o cancro gástrico.

Genótipos e alelos (doentes vs controlos)	Casos (n = 130)	Controlos (n = 200)	OR (IC 95%)	Valor P
Modelo recessivo (GG vs GA+AA) GG GA+AA	0 130	0 200	-	-
Modelo dominante (GG+GAvsAA) GG +GA AA	31 169	23 107	1.17(0.6488 2.1166)	0.64
Modelo codominante (GAvsAA+GG) AG AA+GG	31 169	23 107	1.17(0.6488 2.1166)	0.64
Modelo aditivo (GG vs AA) AA GG	200 0	130 0	-	-

Tabela 4.4: Associação do polimorfismo *TLR 4* Thr399Ile com o cancro gástrico.

Genótipos e alelos (doentes vs controlos)	Casos (n = 130)	Controlos (n = 200)	OR (IC 95%)	Valor P
Modelo recessivo (TT vs CT+TT) TT CT+CC	0 130	0 200	-	-
Modelo dominante (TT+ CT vs CC) TT +CT CC	16 114	18 182	1.12(0.3454 1.4376)	0.35
Modelo codominante (CT vs TT+CC) CT TT+ CC	16 114	18 182	1.12(0.3454 1.4376)	0.35
Modelo aditivo (TT vs CC) CC TT	130 0	200 0	-	-

Table 4.5   : Associação do polimorfismo Asp299Gly do *TLR 4* com

Caraterísticas clinicopatológicas

Caraterísticas	N=130	AAAG GG 107(82,6%) 23(17,3%) 0	OR(IC95%)/ Valor P
Idade (anos) <50 >50	36(27.3%) 94(72.6%)	3240 75190	0.49(0.1555-1.566)/ 0.30
Género Masculino Feminino	103(79%) 27(21%)	83200 2430	1.92(0.5276- 7.0433)/0.4
Hpylori (+)ive Qiv[e]	104(80%) 26(20%)	86180 2150	0.87(0.2927- 2.6401)/1.0
Local anatómico Proximal Distal	67(51.4%) 63(48.5%)	6070 47160	**0.34(0.1303- 0.9011)/0.03**
Classificação do tumor	13(18.6%)	940	1.85(0.4823-

W.D Médico e médico	57(81.3%)	46110	7.1627)/0.45
Estadiamento do tumor			
I&II	30(43%)	2550	3.8(0.6833-
III&IV	40(57%)	3820	21.1317)/0.22

D.P. = bem diferenciado; D.M. = moderadamente diferenciado; D.P. = pouco diferenciado

Table 4.6   : Associação do polimorfismo Thr399Ile do *TLR 4* com caraterísticas clínico-patológicas

Caraterísticas	N=130	CCCT TT 114(87,7%)16(12,2%) 0	OR(IC95%)/ Valor P
Idade (anos) <50 >50	36(27.3%) 94(72.6%)	3150 83110	1.2(0.3913-3.7856)/ 0.76
Género Masculino Feminino	103(79%) 27(21%)	90130 2430	1.15(0.3045-4.3855)/ 1.0
Hpylori (+)ive (-)ive	104(80%) 26(20%)	93110 2150	0.49(0.156-1.5821)/ 0.3
Local anatómico Proximal Distal	67(51.4%) 63(48.5%)	6160 53100	0.52(0.1776-1.5305)/ 0.28
Classificação do tumor W.D Médico e médico	13(18.6%) 57(81.3%)	850 5340	**8.28(1.8286- 37.5032)/ 0.008**
Estadiamento do tumor I&II III & IV	30(43%) 40(57%)	2910 3730	0.42(0.042-4.3053)/ 0.62

D.P. = bem diferenciado; D.M. = moderadamente diferenciado; D.P. = pouco diferenciado

4.5 GENOTIPAGEM POLIMÓRFICA DE *IL-8* (T-251A)

4.5.1 CCTP-PCR para genotipagem de *IL-8*

A amplificação por PCR do *IL-8* T-251A foi efectuada utilizando dois conjuntos de iniciadores Fl, Rl para o alelo T (um fragmento de 169 pb) e F2 , R2 para o alelo A (um fragmento de 228 pb). O ADN amplificado entre Fl e R2 resultou numa banda de 349 pb comum a ambos os alelos (Figura 4.7)

4.5.2 Resultados

A análise polimórfica da IL-8 mostrou que, dos 130 doentes com cancro gástrico, 52,4% tinham o genótipo TA, enquanto 8,9% tinham o genótipo AA. No grupo de controlo, o genótipo TA estava presente em 47% dos controlos e o genótipo AA em 6% dos controlos (Quadro 4.7). Comparando todos os doentes com cancro gástrico com controlos saudáveis, o OR ajustado para o risco de cancro gástrico foi de 1,43 (0,954-2,1515).

Embora este polimorfismo não tenha sido significativamente associado ao cancro gástrico em termos estatísticos, a análise do Odds Ratio mostrou que os genótipos AT e AA eram factores de risco para o desenvolvimento de cancro gástrico. O polimorfismo IL-8 T-251A não foi associado a nenhuma das caraterísticas clinicopatológicas (Quadro 4.8).

Os ORs ajustados foram avaliados utilizando modelos de herança recessiva, dominante, codominante e aditiva. O modelo de hereditariedade com o valor p mais baixo é considerado adequado para os dados SNP individuais. O modelo dominante foi considerado adequado para definir a hereditariedade do polimorfismo IL-8 T-251A (Tabela 4.9)

Tabela 4.7: Frequências genotípicas e alélicas entre casos e controlos

SNP	Controlos (200)	Casos (130)	OR (IC95%);Valor P
IL-8T-251A			
TT	94(47%)	50(38.6%)	1(Referência)
AT	94(47%)	68(52.4%)	1.36(0.85-2.162)/ 0.193
AA	12(6%)	12(8.9%)	1.88(0.787-4.490)/ 0.151
T	282	168	
A	118	92	0.76(0.54-1.06)/ 0.12

Tabela 4.8 : Associação do polimorfismo *IL-8 T-251A* com o cancro gástrico

Genótipos e alelos	Casos (n -	Controlos (n -	OR (IC 95%)	Valor P

(doentes vs controlos)	130)	200)		
Modelo recessivo (AAvsAT+TT) AA AT+TT	12 118	12 188	1.59 (0.6929 -3.6633)	0.28
Modelo dominante (AA+ATvs TT) AA+AT TT	80 50	106 94	0.70(0.4497- 1.1047)	0.14
Modelo codominante (AT vs TT+AA) AT TT+AA	68 62	94 106	0.80(0.5196 - 1.2582)	0.36
Modelo aditivo (TT vs AA) AA TT	12 50	12 94	1.88(0.7871-4.4901)	0.17

Tabela 4.9: Associação do polimorfismo *IL-8 T_251A* com caraterísticas clínico-patológicas

Caraterísticas	N=130	TT	(AT+AA)	OR(IC95%)/P valor
Idade (anos) <50 >50	36(27.3%) 94(72.6%)	12 38	24 56	1.35 (0.6061-3.039)/ 0.54
Género Masculino Feminino	103(79%) 27(21%)	37 13	66 14	1.65 (0.704-3.8968)/ 0.27
H.pylori (+)ive (-)ive	104(80%) 26(20%)	44 6	60 20	0.40(0.1517-1.103)/ 0.11
Local anatómico Proximal Distal	67(51.4%) 63(48.5%)	21 29	46 34	1.86 (0.9135-3.8211)/ 0.10
Classificação do tumor W.D Médico e médico	13(18.6%) 57(81.3%)	6 21	7 36	0.68(0.2017-2.296)/ 0.74
Estadiamento do tumor I&II III E IV	30(43%) 40(57%)	11 13	19 27	0.83 (0.3076-2.2485)/ 0.8

W.D= Bem diferenciado; M.D= Moderadamente diferenciado; P.D= Pouco diferenciado

4.6 SUBTIPAGEM E CLASSIFICAÇÃO DE EPIYAMOTIFS CagA : 4.6.1 PCR para subtipagem de cagA

A amplificação do gene cagA utilizando múltiplos iniciadores inversos resultou em amplicões de diferentes tamanhos; 264 pb para o motivo EPIYA-A, 309 pb para o motivo EPIYA-B, 468, 570 e 672 para um, dois ou três motivos EPIYA-C/-D, respetivamente. (Figura 4.8) A amplificação com iniciadores específicos de CagA oeste produziu um amplicon de 501 pb e a amplificação com iniciadores específicos de CagA leste produziu uma banda de 495 pb.

4.6.2 Resultados

Dos 130 doentes com cancro gástrico incluídos neste estudo, 104 (80%) eram H. pylori positivos. O CagA estava presente em 61 (58,6%) dos doentes positivos para H. pylori, enquanto 43 (41,3%) casos eram CagAnegativos. A análise PCR revelou uma grande variação no padrão dos motivos EPIYA presentes. Todos os isolados tinham CagA do tipo ocidental com o motivo EPIYA-C. Destes, 17,14% (11) tinham o motivo BCC; 20% (12) tinham o motivo ABCCC; 11,4% (7) tinham o motivo ACCC; 14,2% (9) tinham ABCC; 8,5% (5) tinham o motivo BCCC; ABC estava presente em 5,7% (3) amostras; BC estava presente em 14,2% (9) e AB em 8,5% (5) isolados. Observámos a presença de mais do que um motivo EPIYA-C em 72% dos isolados estudados. No entanto, não foi encontrada uma associação estatisticamente significativa entre a presença de CagA e de mais de um motivo EPIYA-C com o resultado clínico (estado de diferenciação do tumor). A Tabela 4.10 mostra a distribuição dos padrões EPIYA-C nos vários estádios de diferenciação do cancro gástrico.

Tabela 4.10: Distribuição dos subtipos de CagA em vários estádios de diferenciação no cancro gástrico

Tipo CagA	Bem diferenciado	Moderadamente diferenciado	Pouco diferenciado
BCC(11)	0	4	7
ABCCC (12)	2	0	10
ACCC (7)	1	0	6
ABCC (9)	1	4	4
BCCC (5)	0	0	5

ABC (3)	0	0	3
BC (9)	0	1	8
AB (5)	2	0	3

4.7 ANÁLISE DA EXPRESSÃO DO ARNm DOS GENES *TLR 4*, *TLR 2* E *TLR 5*

4.7.1 Caraterísticas dos participantes no estudo.

No presente estudo, 30 tecidos de cancro gástrico, juntamente com os seus tecidos normais adjacentes, foram analisados quanto ao ARNm. Só foram incluídas neste estudo as amostras de cancro gástrico que eram positivas para a infeção por H.pylori. As caraterísticas clinicopatológicas dos indivíduos estudados são apresentadas na tabela 4.12.

Tabela 4.11. Caraterísticas clinicopatológicas dos doentes com cancro gástrico utilizados para a análise da expressão do ARNm (n = 30).

Caraterística	Subgrupo	Casos, n=30(%)
Género	Masculino	24 (80 %)
	Feminino	6 (20%)
Idade	<50 anos	0 (0%)
	> 50 anos	30 (100 %)
Classificação do tumor	Bem &	18(60%)
	Moderadamente diferenciado	12 (40 %)
	Pouco diferenciado	
Estágio patológico	I E II	18(60%)
	III E IV	12 (40 %)

4.7.2 EXTRAÇÃO DE RNA

A razão entre as absorvâncias a 260nm e 280nm (razão A_{260} / A_{280}) foi de 1,8-2. A concentração do ARN foi calculada utilizando a fórmula,

1 D.O.= 40 µg/ ml

A qualidade do ARN obtido foi analisada num gel de formamida a 1%, como se mostra na figura 4.8.

4.7.3 Expressão do ARNm de *TLR 4*, *TLR 2* e *TLR 5* em tecidos tumorais normais e adjacentes de doentes com cancro gástrico por qRT-PCR.

No presente estudo, o ARNm total dos genes *TLR 4*, *TLR 2 e TLR 5* foi detectado e quantificado em 30 tecidos de cancro gástrico e nos seus tecidos normais adjacentes. A expressão do mRNA do gene é expressa como ΔC_T (C_T *GENE* - C_T *GAPDH)*. A alteração fold da expressão de TLR 4, TLR 2 e TLR 5 no tumor e no tecido normal adjacente foi calculada utilizando a fórmula

Fold Change= $2 ^{-(\Delta\Delta\alpha)}$

A média (ΔCt) de *TLR 4* no tecido normal e no tecido tumoral correspondente foi de 7,15±3,6 e 6,24±4,1, respetivamente. Verificou-se que a expressão do ARNm do *TLR 4* no tecido do cancro gástrico era cerca de 2 vezes superior à do tecido gástrico normal. A expressão do ARNm do *TLR 4* aumentou num estádio tumoral mais elevado (P=0,0034) (tabela 4.12).

A expressão do ARNm do *TLR 2* no tecido do cancro gástrico foi mais de 4 vezes superior em comparação com o tecido gástrico normal adjacente. A média (ΔCt) no tecido normal foi de 6,5±1,8 e de 4,4±0,3 no tecido tumoral. O valor de P também se revelou estatisticamente significativo (P<0,0001). A expressão do mRNA do *TLR 2* mostrou uma associação insignificante com as variáveis clinicopatológicas (tabela 4.13).

A expressão do ARNm do *TLR 5* no tecido do cancro gástrico foi_reduzida duas vezes em comparação com o tecido normal adjacente. A média (ΔCt) no tecido normal foi de 6,78±2,61 e de 7,6±3,96 nos tecidos tumorais. A expressão do ARNm do *TLR 5* mostrou uma associação insignificante com as variáveis clinicopatológicas (tabela 4.14).

Tabela 4.12: Associação das variáveis clínico-patológicas e da expressão do ARNm do *TLR 4* no cancro gástrico

Parâmetros	Expressão do ARNm do *TLR 4* (alteração fold) (média + DP)	Número	Valor P
Histologia W.D+ M.D P.D	1.08 ± 1.8 1.86± 1.10	18 12	**0.19**
Fase patológica	1.13 ± 1.14	18	**0.0034**

| I&II III&IV | 2.2 ± 0.20 | 12 | |

Tabela 4.13: Associação das variáveis clinicopatológicas e da expressão do ARNm do *TLR 2* no cancro gástrico

Parâmetros	Expressão do ARNm do *TLR2* (média + DP)	Número	Valor P
Histologia W.D+ M.D P.D	4.4 ± 1.04 4.81 ± 0.10	18 12	0.197
Fase patológica I&II III&IV	4.48 ± 1.12 4.01 ± 2.11	18 12	0.43

Tabela 4.13: Associação das variáveis clinicopatológicas e da expressão do ARNm do *TLR 5* no cancro gástrico

Parâmetros	Expressão do ARNm do *TLR 5* (média + DP)	Número	Valor P
Histologia W.D+ M.D P.D	1.04 ± 1.44 0.51 ± 2.40	18 12	0.45
Fase patológica I&II III&IV	0.05 ± 1.12 0.94 ± 2.2	18 12	0.15

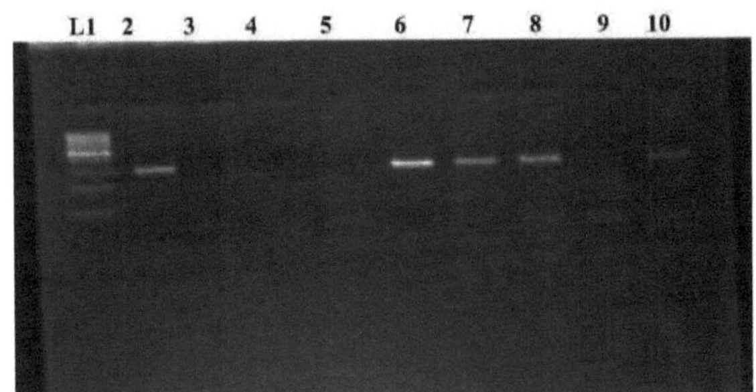

Figura 4.2: Amplificação do gene glmM .

Faixa 1; escada de IOObp: faixas 2,6,7,8 e 10 amostras de Glm M (+) mostrando uma banda de amplicon a 294bp; faixas 3,4,5 e 9 amostras de Glm M (-).

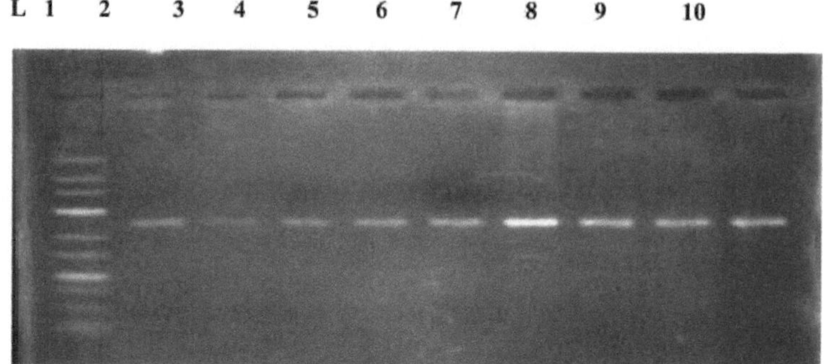

Figura 4.3 : Imagem representativa de gel de amplicões do SNP Asp299Gly do TLR 4: Pista 2-10; amplicon de 249 pb

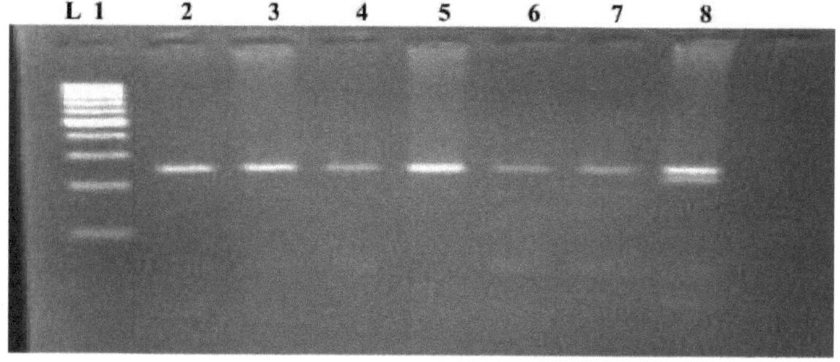

Figura 4.4: Imagem representativa do gel da análise do polimorfismo de comprimento de fragmentos de restrição do SNP Asp299Gly do TLR4, utilizando a enzima NcoI. Pista 1: escada de IOObp; pistas 2,3,4,5,6,7 mostram o produto de amplificação do genótipo Asp/Asp de tipo selvagem com uma banda de 249 pb; pista 8 mostra o produto de amplificação do genótipo Gly/Asp heterozigótico com uma banda de 226 pb.

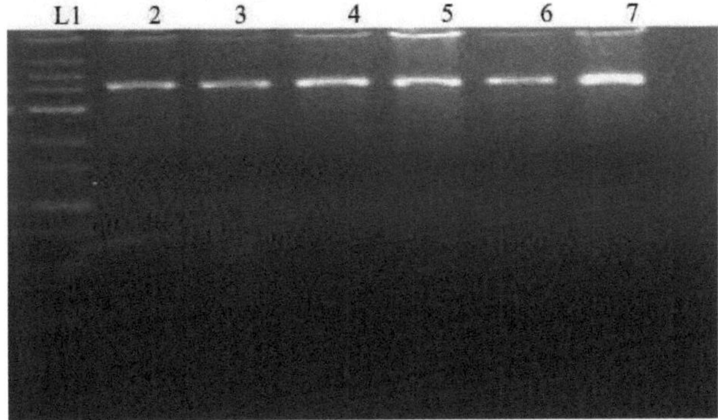

Figura 4.5: Imagem representativa de gel de amplicões de TLR 4 THr399Ile SNP

Pista 1; escada de 25 pb: Pista 2-7; amplicon de 4O6 pb

5. DISCUSSÃO

A Helicobacter pylori é uma espécie bacteriana gram-negativa que coloniza seletivamente o epitélio gástrico e é a infeção bacteriana mais comum em todo o mundo **[Moss e Sood.2003; Peek e Crabtree. 2006]**. Praticamente todas as pessoas infectadas por este organismo desenvolvem gastrite, uma caraterística marcante da qual é a capacidade de persistir durante décadas. Cada vez mais evidências indicam que *o Hpylori* é capaz de enviar e receber sinais de componentes celulares dentro da mucosa gástrica, permitindo que o hospedeiro e a bactéria participem num equilíbrio dinâmico **[Peek e Blaser 2002]**.

No entanto, estas relações a longo prazo têm custos biológicos. As interações sustentadas entre *a H.pylori* e os seres humanos aumentam significativamente o risco de gastrite atrófica, metaplasia intestinal e adenocarcinoma gástrico distal, e a colonização por *H.pylori* é o fator de risco mais forte identificado para doenças malignas que surgem no **estômago [Peek e Blaser 2002]**. Com base nestes dados, a Organização Mundial de Saúde classificou *a H.pylori* como um carcinogéneo de Classe I para o cancro gástrico e, uma vez que praticamente todas as pessoas infectadas têm gastrite superficial, é provável que o organismo desempenhe um papel causal no início desta progressão. A erradicação da *H.pylori* diminui significativamente o risco de desenvolvimento de adenocarcinoma gástrico em indivíduos infectados sem lesões pré-malignas, fornecendo provas adicionais de que *a H.pylori* influencia as fases iniciais da **carcinogénese** gástrica **[Wong et al. 2004]**. No entanto, apenas uma fração das pessoas colonizadas chega a desenvolver neoplasia, e o risco de doença envolve interações específicas e bem coreografadas entre o agente patogénico e o hospedeiro

5.1 Incidência de *H.pylori*

Das 130 amostras de cancro gástrico analisadas, 104 [80%] eram positivas *para a* infeção por *H.pylori* e apenas 26 [26%] eram negativas, o que indica uma elevada prevalência da infeção na nossa população. Dos doentes com cancro gástrico positivo para *H.pylori*, apenas um doente pertencia ao grupo etário dos 0-30 anos, 67,3% pertenciam ao grupo etário dos 30-60 anos e 31,7% tinham mais de 60 anos de idade.

A idade, a etnia, o sexo, a geografia e o estatuto socioeconómico são factores que influenciam a incidência e a prevalência da infeção por *H.pylori*. A prevalência global é elevada nos países em desenvolvimento e mais baixa nos países desenvolvidos e em zonas de diferentes países, podendo existir variações igualmente grandes na prevalência entre populações urbanas mais ricas e populações rurais. As principais razões para estas variações envolvem diferenças socioeconómicas entre as populações. A transmissão faz-se em grande parte por via oral-oral ou fecal-oral. A falta de saneamento adequado, de água potável segura e de higiene básica, bem como dietas pobres e sobrelotação, desempenham um papel na determinação da prevalência global da infeção **[WGO Global Guideline]**.

5.2 POLIMORFISMOS DO GENE *TLR4*

O potencial mecanismo através do qual o polimorfismo *do TLR4* aumenta o risco de cancro gástrico e dos seus precursores é intrigante e pode residir na natureza da resposta global do hospedeiro ao ataque do LPS *da H.pylori* **[El-Omar et al., 2004]**. É geralmente aceite que os TLRs, para além de outros receptores como o Nodl **[Viala et al., 2004]**, estão pelo menos parcialmente envolvidos no reconhecimento inicial da bactéria. No entanto, ainda não é claro se o LPS *de Hpyloris* é reconhecido por TLR4 ou TLR2 [cujos ligandos naturais incluem peptidoglicano, lipopeptídeos e ácido lipoteicóico de bactérias gram-positivas].

Atualmente, não está resolvido se uma via de sinalização LPS hiporresponsiva é benéfica ou prejudicial para o hospedeiro.Os indivíduos com os polimorfismos *TLR4* hipoactivos mostraram níveis reduzidos de citocinas inflamatórias circulantes, um risco aumentado de infecções bacterianas agudas e uma tendência para o aumento da mortalidade.Outros estudos recentes apoiam a hipótese de que os polimorfismos *TLR4* de baixo funcionamento podem resultar numa resposta inflamatória reduzida associada a uma infeção pouco prejudicial que promoverá uma infeção persistente **[Child et al, 2003; Manhalter et al., 2006]**.

Avaliámos a distribuição dos polimorfismos *TLR4* Asp299Gly e Thr399Ile tanto nos doentes como nos controlos, mas encontrámos uma distribuição semelhante nos dois grupos, sem qualquer diferença estatisticamente significativa. Não foi encontrado um alelo variante em ambos os polimorfismos, nem nos casos nem nos controlos.

Embora nenhum destes polimorfismos tenha sido associado de forma significativa ao cancro gástrico em termos estatísticos, a análise do Odds Ratio mostrou que estes polimorfismos são factores de risco para o desenvolvimento de cancro gástrico.

Além disso, verificámos que os portadores do alelo G estavam significativamente associados (valor de P=0,03) ao desenvolvimento de tumores na parte distal do estômago, enquanto o portador do alelo T estava significativamente associado ao desenvolvimento de adenocarcinoma gástrico bem diferenciado (valor de P= 0,008).

Garza-Gonzalez et al [**Garza-Gonzalez et al.2007**] não mostraram qualquer associação com o risco de cancro gástrico na população mexicana, enquanto de la Trejo et al. [**de la Trejo et al. 2008**] observaram que ambos os SNPs no *TLR4* tinham uma associação com úlcera duodenal e cancro gástrico também em pacientes mexicanos, **2007; Santini et al., 2008]** ou polimorfismos Asp299Gly e suscetibilidade à carcinogénese gástrica [**Hold et al., 2007].** Um estudo recente demonstrou que *o TLR4* Asp299Gly, mas não *o TLR4* Thr300Ile, está associado a um risco acrescido de cancro gástrico numa **população** brasileira [**de Oliveira & Silva 2012].** Além disso, os genótipos homozigóticos *TLR4* GG e TLR4 TT estavam ausentes nesta população, o que está em concordância com a nossa população.

Embora não tenha sido encontrada qualquer correlação entre a presença de polimorfismos *do TLR4* e a infeção por H.pylori, estes resultados não põem em causa o papel etiológico do *H.pylori* na patogénese do cancro gástrico e devem ser interpretados com cautela.

Observámos que o polimorfismo Asp299Gly está significativamente associado ao desenvolvimento de tumores na parte distal do estômago. Isto pode dever-se a uma maior frequência de infeção por *H.pylori* na parte distal do estômago. O alelo G hiporresponsivo pode tornar o recetor TLR4 incapaz de reconhecer a infeção por *H.pylori*, levando à presença persistente da bactéria e à progressão do impulso neoplásico. Os nossos resultados são consistentes com um estudo realizado por Hold et al. [Hold et al. 2007], que demonstrou uma associação do polimorfismo *TLR4* Asp299Gly tanto com o carcinoma gástrico como com as suas lesões precursoras, o que implica que é relevante para todo o processo multiestágio da carcinogénese gástrica, que começa com a colonização da mucosa gástrica *pelo H.pylori*. Os indivíduos com este polimorfismo têm um risco aumentado de inflamação grave e, subsequentemente, de desenvolvimento de hipocloridria e atrofia gástrica, que são consideradas as anomalias pré-cancerosas mais importantes. Este estudo também relatou que os portadores do alelo G tinham um risco aumentado de danos gástricos, manifestado como as pontuações mais elevadas de inflamação e atrofia, menores produções de ácido gástrico e, em última análise, um risco aumentado de carcinoma gástrico não-cardíaco.

Verificou-se que o polimorfismo Thr399Ile estava significativamente associado ao adenocarcinoma bem diferenciado. Uma vez que a maioria dos adenocarcinomas bem diferenciados são de tipo intestinal, podemos assumir que este polimorfismo está significativamente associado a adenocarcinomas de tipo intestinal, tal como referido anteriormente por Santini et al. **[Santini et al. 2008]**. É concebível colocar a hipótese de que um efeito direto das citocinas pró-inflamatórias induzidas por TLR na mucosa gástrica e as suas interações com carcinogéneos ambientais poderiam representar um dos mecanismos pelos quais os polimorfismos de TLR4 aumentam a suscetibilidade ao cancro gástrico **[Santini et al., 2008]**. No entanto, não podemos confirmar esta hipótese, uma vez que não dispúnhamos da classificação de Lauren de todas as amostras de cancro gástrico utilizadas neste estudo.

5.3 POLIMORFISMO DO GENE *IL-8*

A presença de H.pylori no antro gástrico está associada a alterações inflamatórias da mucosa que consistem na infiltração de um grande número de fagócitos polimorfonucleares e mononucleares **[Goodwin et al. 1986]**. A IL-8, um importante mediador do hospedeiro que induz a quimiotaxia e a ativação dos neutrófilos **[Craig et al. 1992]**, é produzida pelas células epiteliais gástricas como uma resposta precoce à infeção por H. pylori. Considera-se também que a IL-8 atrai e ativa os fagócitos e causa danos na mucosa através da libertação de radicais de oxigénio reactivos **[Zhang et al. 1997]**. Sugere-se que a produção de IL-8 na mucosa devido à infeção por H.pylori pode ser um fator importante na imunopatogénese das úlceras pépticas e pode também ser relevante na carcinogénese gástrica **[Crabtree e Lindlay. 1994]**. Verificou-se que o polimorfismo -251 T/A na região promotora desta quimiocina está associado à alteração dos níveis in vitro de produção de IL-8, resultando em diferentes manifestações da doença.

Avaliámos a distribuição dos polimorfismos *IL-8* -251 T/A tanto nos doentes como nos controlos, mas encontrámos uma distribuição semelhante nos dois grupos, sem qualquer diferença estatisticamente significativa. Comparando todos os doentes com cancro gástrico com controlos saudáveis, o OR ajustado para o risco de cancro gástrico foi de 1,88 [0,787-4,490].

Embora este polimorfismo não tenha sido significativamente associado ao cancro gástrico em termos estatísticos, a análise do Odds Ratio mostrou que o alelo *IL-8* A é um fator de risco para o desenvolvimento de cancro gástrico.

Uma vez que o SNP *IL-8* T/A parece afetar a função do promotor, é um candidato importante para estudos de variação genética, inflamação e risco de doença. A presença do SNP *IL-8* -251T/A no local de início da transcrição tem sido associada a várias doenças; no entanto, os resultados de diferentes estudos são contraditórios. Devido à falta de uma associação consistente entre o alelo A e o risco de cancro, é importante ter em consideração os factores ambientais e as caraterísticas da população. As frequências alélicas do SNP IL-8 -251 T/A diferem entre grupos étnicos, talvez em resposta a uma pressão selectiva diferencial de doenças infecciosas geográficas. Estudos também referiram que a produção de IL-8 na mucosa gástrica infetada com *H.pylori* é influenciada pela presença da ilha de patogenicidade cag de H.pylori **[Orsini et al.,2000],** na qual estão incluídos os principais factores de virulência, indicando assim que tanto a infeção como os factores genéticos do hospedeiro podem desempenhar um papel importante nas diferenças de expressão de IL-8 em indivíduos infectados com *Hpylori*.

Savage et al. [2006], Theodoropoulos et al. [2006] e Cavee et al. [2008] não encontraram qualquer associação entre os genótipos da IL-8 e o risco de cancro colorrectal. Um dos estudos demonstrou que o polimorfismo IL-8 -251 T/A estava associado a um risco acrescido de gastrite atrófica e de cancro gástrico; o genótipo A/A apresentava um risco duas vezes superior de gastrite atrófica e de cancro gástrico[**Taguehi et al., 2005].** Foi também observado um risco elevado de cancro gástrico em indivíduos com infeção por H.pylori e o genótipo IL-8 -251 AA numa população chinesa **[Lu et al., 2005].** Estes resultados são contraditórios com os nossos resultados.

Outro estudo indica uma diminuição do risco de cancro do pulmão associado ao alelo IL-8 T251A nas mulheres. Esta diferença pode dever-se ao facto de as hormonas sexuais reduzirem a secreção constitutiva de IL-8 e os níveis de mRNA [Campa et al., 2004]. No entanto, não observámos qualquer associação entre o polimorfismo IL-8 -251 T/A e o sexo dos doentes com cancro gástrico.

Tendo em consideração os resultados de todos os estudos, incluindo o nosso, sugerimos que a produção de IL-8 é um processo altamente regulado e que o polimorfismo no local do promotor, por si só, não pode ter um efeito na produção de IL-8. **5.4 SUBTIPAGEM de Cag A**

A H.pylori pode causar problemas clínicos graves que vão desde a gastrite ao cancro gástrico. No entanto, nem todos os indivíduos infectados desenvolvem estas doenças gástricas, o que sugere o papel de vários factores ambientais, factores genéticos do hospedeiro e potencial de virulência da bactéria **[Han et al. 1998; van Doorn et al. 1998].** Considerou-se que as estirpes

H.pylori cag A positivas estão associadas a um risco acrescido de desenvolvimento de gastrite atrófica e carcinoma gástrico **[Huang etal. 2003; Rokkas et al. 1999]**.

É interessante notar que, de todas as amostras analisadas neste estudo, apenas 58,6% dos doentes com cancro gástrico positivos para *H. Pylori* eram positivos para Cag A. Além disso, os resultados do estudo atual também mostraram um alinhamento mais próximo com os isolados do tipo ocidental. Foi encontrado mais do que um motivo EPIYA-C em 72% dos isolados estudados. Argent et al. **[Argent et al.2008]** analisaram diferentes dados Cag A do GenBank e da literatura e mostraram que o Cag A ocidental tem uma probabilidade significativamente maior de sofrer uma duplicação do motivo C do que o motivo D da Ásia Oriental.

A microevolução é uma alteração genética num único gene de uma estirpe do estômago de um indivíduo que conduz potencialmente a uma alteração do fenótipo. Ocorre habitualmente em populações ocidentais [até 20% das estirpes], nas quais existe uma duplicação intragenómica ou uma supressão de uma região de 102 nt que codifica o motivo C. As estirpes de H.pylori da Ásia Oriental possuem um motivo D no Cag A em vez do motivo C ocidental e este demonstrou ser um potente indutor da fosfatase SHP-2 **[Azuma et al. 2004; Higashi et al. 2002]**. Argent et al. especularam que, uma vez que o motivo D tem maior afinidade para se ligar a SHP-2, causar alterações do citoesqueleto e induzir níveis mais elevados de IL-8 do que o motivo C correspondente, não é necessário que a CagA da Ásia Oriental aumente o número de motivos D, ao passo que pode haver mais pressão para que a CagA ocidental aumente o número de motivos C devido a uma afinidade mais fraca para a ligação a SHP-2. O facto de quase todos os isolados de H.pylori da Índia, Paquistão e Turquia apresentarem CagA ocidental reflecte provavelmente o risco reduzido de cancro gástrico nestas populações **[Mukhopadhyay et al. 2000; Saribasak et al. 2004; Yamaoka et al. 2002]**. Por conseguinte, a diferença marcante na distribuição geográfica dos genótipos CagA pode contribuir parcialmente para a grande variação do cancro gástrico entre os países e, em maior medida, entre os países asiáticos. Num estudo realizado por Kumar et al., a maioria dos isolados do Norte e do Sul da Índia revelou a presença do tipo ocidental e apenas três isolados apresentavam o motivo EPIYA do tipo da Ásia Oriental. Os nossos dados estão de acordo com resultados anteriores, em que foi registada a presença de Cag A ocidental em isolados de *H.pylori* da Índia **[Schmidt et al. 2009; Mukhopadhyay et al. 2000]**

5.4 ANÁLISE DA EXPRESSÃO DO ARNm DOS GENES *TLR4, TLR2* E *TLR5*

Neste estudo explorámos o papel dos receptores Toll-Iike na resposta das células epiteliais à infeção por *H.pylori* no cancro gástrico. Estudos anteriores apresentaram resultados contraditórios no que diz respeito ao papel de vários TLR na patogénese da inflamação induzida por *H.pylori*. Embora alguns estudos tenham fornecido provas de que o TLR4 pode ser um fator importante que contribui para a resposta inflamatória induzida por H.pylori [Maeda et al. 2001; Kawahara et al.2001 a; Kawahara et al. 22001b], estudos recentes [Smith et al.2003] demonstraram que a infeção com *H.pylori* induz respostas celulares NF-kB através de TLR2 e TLR 5, mas não de TLR4.

No nosso estudo, observámos um aumento significativo de 4 vezes na expressão do gene *TLR 2* nos tecidos do cancro gástrico (P<0,0001). Também foi observado um aumento de 2 vezes na expressão do *TLR 4* nos tecidos do tumor gástrico. Foi observado um aumento significativo da expressão *do TLR 4* em estádios tumorais mais elevados (III e IV) com um valor de P = 0,0034. Também se observou que a expressão de *TLR 5* estava reduzida em 2 vezes no tecido tumoral gástrico em comparação com o tecido normal adjacente. Não encontrámos uma associação significativa da expressão *de TLR 2* e *TLR 5* com nenhuma das caraterísticas clinicopatológicas.

Os nossos resultados são consistentes com um estudo de Okazumi et al **[Nihon-Yanagi et al. 2012]**, que indicou que a expressão de TLR 4 não diferia significativamente entre o tecido normal e o tecido canceroso no cancro colorrectal.

Kawahara et al. **[Kawahara et al. 2001a]** demonstraram que o LPS da H.pylori actuava através do TLR4 para estimular a produção de O2 nas células da fossa gástrica da cobaia. Schmausser et al. **[Schmausser et al. 2005]** referiram que o epitélio gástrico com metaplasia e displasia intestinal expressava TLR 4 e TLR 5. Noutro estudo, Mandell et al. **[Mandell et al. 2004]** demonstraram que o TLR 2 é um recetor crítico para o reconhecimento da bactéria *H.pylori* intacta. Este facto é notável, uma vez que a maioria das bactérias gram-negativas activam preferencialmente o TLR 4.

Moran et al. [Moran et al. 1997] demonstraram que o componente lipídico A do LPS de *H.pylori* era uma mistura de duas formas: uma variedade tetraacil predominante e uma forma hexaacil menor. A estrutura do lípido A tetraacílico da H.pylori faz lembrar a estrutura do lípido A da *Porphyromonas gingivalis*, é um ligando para TLR2 mas não para TLR4 **[Martin**

et al. 2001]. Além disso, em consonância com esta ideia, foi demonstrado que os LPS da *H. pylori* e da *Pgingivalis* se ligam mal à proteína de ligação aos LPS e, por conseguinte, são transferidos de forma menos eficaz para o CD14 **[Cunningham et al. 1996].**

Observámos que, em resposta à infeção por *H.pylori*, a expressão de TLR 2, e não de TLR4, estava aumentada. Isto sugere que um componente não-LPS da bactéria é a principal molécula activadora de citocinas. Dada a sua bioatividade relativamente fraca, o LPS da *H.pylori* pode não contribuir para o perfil global de estimulação ou sinalização bacteriana observado com bactérias *H.pylori* intactas.

O TLR4 tem potencial para se tornar um marcador de progressão da doença em doentes com cancro do cólon, lesões pré-malignas, carcinoma da laringe e cancro da mama **[Cammarota et al. 2010].** A sua expressão mais elevada está correlacionada com um pior prognóstico e metástases hepáticas **[Starska et al. 2009; Earl et al. 2009].** Um papel importante do TLR4 na progressão do cancro é também atribuído a potenciais ligandos endógenos do TLR4. Estes incluem moléculas intracelulares endógenas libertadas por células activadas ou necróticas e moléculas da matriz extracelular [ECM] que são reguladas positivamente após a lesão ou degradadas após danos nos tecidos. Uma vez que observámos um aumento da expressão do TLR 4 em estádios tumorais mais elevados, tal pode ser atribuído ao aumento da libertação de DAMPs nos tumores gástricos, bem como às metástases.

Foi demonstrado que *a H.pylori* necessita de flagelos para uma colonização eficiente e para a manutenção da infeção no epitélio gástrico **[Eaton et al. 1996; Ottemann et al. 2002].** A resposta das células do sistema imunitário inato às bactérias flageladas foi demonstrada por Hayashi et al. **[Hayashi et al. 2001]** como sendo mediada, pelo menos em parte, por interações entre a flagelina bacteriana e o TLR5. Uma indicação de que a flagelina *H.pylori* pode desempenhar um papel significativo na progressão da doença foi sugerida por um relatório que demonstrou polimorfismos de comprimento de fragmentos de restrição nos genes da flagelina. Foram observadas diferenças significativas na produção de IL-8 entre grupos com diferentes polimorfismos do comprimento do fragmento de restrição e as estirpes altamente móveis foram associadas a um aumento do nível de produção de IL-8 **[Ohta- Toda et al.1997].** Este polimorfismo dos genes da flagelina pode explicar a diminuição da expressão de TLR 5 nos tumores gástricos observados no nosso estudo. Para além disso, foi demonstrado que um clone aglagelado de *H.pylori* induz uma resposta pró-inflamatória em

HEK293 e em células epiteliais gástricas, indicando que o TLR5 pode não ser importante no reconhecimento do *H.pylori* pelas células epiteliais **[Viala et al. 2004]**

6. CONCLUSÕES

- Embora estes polimorfismos não tenham sido significativamente associados ao cancro gástrico em termos estatísticos, a análise do Odds Ratio mostrou que o genótipo AA é um fator de risco para o desenvolvimento de cancro gástrico.

- O polimorfismo *IL-8* -251T/A não foi associado a nenhuma das caraterísticas clinicopatológicas.

- Dos 130 doentes com cancro gástrico incluídos neste estudo, 80% eram H.pylori positivos. O Cag A estava presente em 58,6% dos doentes com H.pylori positivo, enquanto 41,3% dos casos eram CagAnegativos.

- Verificou-se uma grande variação no padrão dos motivos EPIYA presentes.

- Todos os isolados apresentavam o tipo ocidental Cag A com o motivo EPIYA-C.

- Observámos a presença de mais do que um motivo EPIYA -C em 72% dos isolados estudados.

- Verificou-se que a expressão do ARNm do TLR 4 no tecido do cancro gástrico era quase duas vezes superior à do tecido gástrico normal. A expressão do ARNm do TLR 4 estava aumentada num estádio tumoral mais elevado (P= 0,0034).

- A expressão do ARNm do TLR 2 no tecido do cancro gástrico foi mais de 4 vezes superior em comparação com o tecido gástrico normal adjacente. O valor de P também se revelou estatisticamente significativo (P<0,0001).

- A expressão do ARNm do TLR 5 no tecido do cancro gástrico foi reduzida duas vezes em comparação com o tecido normal adjacente.

A maioria dos doentes com cancro gástrico é positiva para a infeção por *H.pylori*, com um aumento da frequência da infeção nos doentes mais idosos. Os polimorfismos *TLR 4* são raros na nossa população e não existe correlação entre a presença de polimorfismos TLR4 e a infeção por *Hpylori*. O polimorfismo IL-8 -251 T/A não está associado ao risco de desenvolvimento de cancro gástrico na nossa população.Tanto a infeção como os factores genéticos do hospedeiro desempenham um papel importante nas diferenças de expressão de IL-8 em indivíduos infectados com *H.pylori*, bem como no desenvolvimento de inflamação crónica e cancro gástrico.Não existe associação entre a presença de Cag A e de mais de um motivo EPIYA-C com os resultados clínicos na nossa população, o que sugere claramente o papel de outros factores genéticos do hospedeiro, bem como de factores ambientais, na progressão da doença gástrica para cancro gástrico. Além disso, verifica-se um aumento da expressão do TLR 2 nos tecidos do cancro gástrico em comparação com o TLR 4 e o TLR 5. Este aumento da expressão é uma resposta ao reconhecimento da infeção por *H. pylori*. No entanto, a expressão de ARN dá-nos uma compreensão limitada do papel destes receptores e são necessários mais estudos baseados em proteínas para elucidar o papel destes genes na patogénese do cancro gástrico.

7. REFERÊNCIAS

- Um relatório do Programa Nacional de Registo do Cancro. Time trends in cancer incidence rates 1982-2005; Indian Council OfMedical Research ,2009.

- Abreu MT, Thomas LS, Arnold ET, Lukasek K, Michelsen KS, Arditi M. TLR signaling at the intestinal epithelial interface. *JEndotoxin Res* 9: 322-330, 2003.

- Abreu MT, Vora P, Faure E, Thomas LS, Arnold ET, Arditi M. A diminuição da expressão dos receptores Toll-like-4 e MD-2 está correlacionada com a proteção das células epiteliais intestinais contra a expressão desregulada de genes pró-inflamatórios em resposta ao lipopolissacárido bacteriano. *J Immunol* 167: 16091616, 2001.

- **Akama Y,** Yasui W, Yokozaki H, Kuniyasu H, Kitahara K, Ishikawa T, Tahara E. Ampliação frequente do gene da ciclina E em carcinomas gástricos humanos. *Jpn JCancer Res* 1995; **86**: 617-621

- **Aiderton WK,** Cooper CE, Knowles RG. Nitric oxide synthases: structure, function and inhibition. *BiochemJ2001*; **357**: 593-615

- **Aim RA,** Ling LS, Moir DT, King BL, Brown ED, Doig PC, Smith DR, Noonan B, Guild BC, deJonge BL, Carmel G, Tummino PJ, Caruso A, Uria-Nickelsen M, Mills DM, Ives C, Gibson R, Merberg D, Mills SD, Jiang Q, Taylor DE, Vovis GF, Trust TJ. Genomic-sequence comparison of two unrelated isolates of the human gastric pathogen *Helicobacterpylori*. *Nature* 1999; **397**: 176-180

- **Aivarez-Areiiano L,** Camorlinga-Ponce M, Maldonado-Bernal C, Torres J. Activation of human neutrophils with *Helicobacter pylori* and the role of Toll-like receptors 2 and 4 in the response. *FEMS Immunol MedMicrobiol* 51: 473-479, 2007.

- **Akagi M,** Kawaguchi M, Liu W, McCarty MF, Takeda A, Fan F, Stoeltzing O, Parikh AA, Jung YD, Bucana CD, Mansfi eld PF, Hicklin DJ, Ellis LM. Induction of neuropilin-1 and vascular endothelial growth fator by epidermal growth fator in human gastric cancer cells. *Br J Cancer* 2003; **88**: 796-802

- Akira, S., Uematsu, S., e Takeuchi, O. 2006. Reconhecimento de agentes patogénicos e imunidade inata. *Cell.* **124**:783-801.

- **Amedei A,** Cappon A, Codolo G, Cabrelle A, Polenghi A, Benagiano M, Tasca E, Azzurri A, D'Elios MM, Del Prete G, de Bernard M. The neutrophil-activating protein of *Helicobacter pylori* promotes Th1 immuneresponses. *JClinInvest* 116: 1092- 1101, 2006.

- **Andersen-Nissen E, Smith KD, Strobe KL, Barrett SL, Cookson BT, Logan SM, Aderem A.**

Evasão do recetor Toll-like 5 por

Aagellatedbacteria. *ProcNatlAcadSci USA* 102: 9247-9252, 2005.

- Arbour NC, Lorenz E, Schutte BC, Zabner J, Kline JN, Jones M. et al.TLR4 mutations are associated with endotoxin hyporesponsiveness in humans. Nat Genet 2000; 25: 187-191.

- Argent, R. H., M. Kidd, R. J. Owen, R. J. Thomas, M. C. Limb e J. C. Atherton. 2004. Determinantes e consequências de diferentes níveis de fosforilação de CagA para isolados clínicos de *Helicobacter pylori*. Gastroenterologia 127:514-523

- Arshad A. Pandith e Mushtaq A. Siddiqi. Carga de cancros no vale de Caxemira: estudo epidemiológico de 5 anos revela um cenário diferente; Tumor Biology.2012

•   Asahi, M., T. Azuma, S. Ito, Y. Ito, H. Suto, Y. Nagai, M. Tsubokawa, Y. Tohyama, S. Maeda, M. Omata, T. Suzuki, e C. Sasakawa. 2000. A proteína CagA de *Helicobacter pylori* pode ser fosforilada com tirosina em células epiteliais gástricas. J. Exp. Med. 191:593-602..

•   Asahi, M., Y. Tanaka, T. Izumi, Y. Ito, H. Naiki, D. Kersulyte, K. Tsujikawa, M. Saito, K. Sada, S. Yanagi, A. Fujikawa, M. Noda e Y. Itokawa. 2003. *Helicobacter pylori* CagA contendo sequências semelhantes a ITAM localizadas em jangadas lipídicas regula negativamente a sinalização induzida por VacA in vivo. Helicobacter 8:1-14.

•   Asaka M, Kimura T, Kato M, et al. Possible role of *Helicobacter Pylori* infection in early gastric cancer development. Cancro 1994; 73:2691-4.

•   Atherton JC, Cao P, Peek M, Tummuru MK, Blaser MJ, Cover TL. Mosaicismo em alelos de citotoxina vacuolante de *Helicobacter pylori*: associação de tipos específicos de *vacA* com a produção de citotoxina e ulceração péptica. *JBiol Chem* 1995;270:17771-7.

•   **Ayhan A,** Yasui W, Yokozaki H, Seto M, Ueda R, Tahara E. Perda de heterozigotia no locus do gene bcl-2 e expressão de bcl-2 em carcinomas gástricos e colorrectais humanos. *Jpn J Cancer Res* 1994; **85**: 584-591

•   Azuma, T., A. Yamakawa, S. Yamazaki, K. Fukuta, M. Ohtani, Y. Ito, M. Dojo, Y. Yamazaki e M. Kuriyama. 2002. Correlação entre a variação da região 3_ do gene *cagA* em *Helicobacter pylori* e o resultado da doença no Japão. J. Infect. Dis. 186:1621-1630.

•   Backert, S., S. Moese, M. Selbach, V. Brinkmann, e T. F. Meyer. 2001. A fosforilação da tirosina 972 da proteína CagA de *Helicobacter pylori* é essencial para a indução de um fenótipo de dispersão em células epiteliais gástricas. Mol. Microbiol. 42:631-644.

•   Backert, S., Ziska, E., Brinkmann, V., Zimny-Arndt, U., Fauconnier, A., Jungblut, P. R., Naumann, M. & Meyer, T. F. (2000). Translocação da proteína CagA de Helicobacter pylori em células epiteliais gástricas por um aparelho de secreção do tipo IV. Cell Microbiol 2, 155-164.

•   **Backhed F, Rokbi B, Torstensson E, Zhao Y, Nilsson C, Seguin D, Normark S, Buchan AM, Richter-Dahlfors A.** Gastric mucosal recognition of *Helicobacter pylori* is independent of Toll-like recetor 4. *JInfectDis* 187: 829-836, 2003.

•   Balkwill, F., Charles, K.A., e Mantovani, A. 2005. Inflamação latente e polarizada na iniciação e promoção de doenças malignas. *Cancer Cell.* 7:211-217.

•   Balkwill, F., e Mantovani, A. 2001. Inflammation and cancer: back to Virchow? *Lancet.* **357**:539 545.

•   Bamford KB, Fan X, Crowe SE, et al. Os linfócitos na mucosa gástrica humana durante a infeção por Helicobacter pylori têm um fenótipo de célula T helper 1. Gastroenterology 1998;114:482 - 92.

•   Banatvala N, Mayo K, Megraud F, et al. The cohort effect and *Helicobacter Pylori*. J Infect Dis 1993;168:219-21.

•   **Barber MD, Powell JJ, Lynch SF, Fearon KC, e Ross JA.** A polymorphism of the interleukin-1_ gene influences survival in pancreatic cancer. *Br J Cancer* 83: 1443-1447, 2000.

•   **Barbera-Guillem E, Nyhus JK, Wolford CC, Friece CR, e Sampsel JW.** A secreção do fator de crescimento endotelial vascular por macrófagos infiltrantes de tumores apoia essencialmente a angiogénese tumoral, e os complexos imunes de IgG potenciam o processo. *CancerRes* 62: 7042-7049, 2002.

* **Battan** M, Raviglione C, Palagiano A, et al. Infeção por Helicobacter pylori em doentes com síndrome de imunodeficiência adquirida. Am J Gastroenterol. 1990;85(12):1576-9.

* **Becker KF,** Atkinson MJ, Reich U, Becker I, Nekarda H, Siewert JR, Hofl er H. As mutações do gene da E-caderina fornecem pistas para os carcinomas gástricos de tipo difuso. *Cancer Res* 1994; **54**: 3845-3852

* Ben-Baruch, A. 2006. Imunossupressão associada à inflamação no cancro: os papéis desempenhados pelas citocinas, quimiocinas e mediadores adicionais. *Semin. Cancer Biol.* **16**:38-52.

* **Benelli R,** Morini M, Carrozzino F, Ferrari N, Minghelli S, Santi L, Cassatella M, Noonan DM, Albini A. Neutrófilos como um alvo celular chave para a angiostatina: implicações para a regulação da angiogénese e inflamação. *FASEBJ* 2002; **16**: 267-269

* Beutler B, Du X, Poltorak A. Identificação do recetor 4 do tipo Toll (Tlr4) como o único canal para a transdução de sinais LPS: estudos genéticos e evolutivos. *JEndotoxin Res* 2001; **7**: 277-80.

* Bidwell J, Keen L, Gallagher G, Kimberly R, Huizinga T, McDermott MF: Cytokine gene polymorphism in human disease: on-line databases,supplement 1. *Genes Immun* 2001, 2:61-70.

* Blot WJ, Li JY, Taylor PR, et al. Ensaios de intervenção nutricional em Linxian, China: suplementação com combinações específicas de vitaminas e minerais, incidência de cancro e mortalidade específica da doença na população em geral. JNatl CancerInst 1993;85:1483-91.

* Boeing H, Jedrychowski W, Wahrendorf J, et al. Dietary risk factors in intestinal and diffuse types of stomach cancer: a multicentre case- control study in Poland. Cancer Causes Control 1991;2:227-33.

* **Bogdan C.** Nitric oxide and the immune response (O óxido nítrico e a resposta imunitária). *NatImmunol* 2001; **2**: 907-916

* Brenner, H., Arndt, V., Stegmaier, C., Ziegler, H. & Rothenbacher, D. (2004). Is Helicobacter pylori infection a necessary condition for noncardia gastric cancer? Am J Epidemiol 159, 252-258.

* Bombay Cancer RegistryIncidência e mortalidade na grande Mumbai, 1994.Report of Bombay Cancer Registry Mumbai, India 1998.

* Bombay Cancer RegistryIncidence and mortality in greater Mumbai, 2005.Report of Bombay Cancer Registry Mumbai, India 2009.

* Buiatti E, Palli D, Decarli A, et al. A case-control study of gastric cancer and diet in Italy. II. Associação com nutrientes. Int J Cancer 1990;45:896-901.

* **Caca K,** Kolligs FT, Ji X, Hayes M, Qian J, Yahanda A, Rimm DL, Costa J, Fearon ER. As mutações da beta- e gama-catenina, mas não a inativação da E-caderina, estão na base da desregulação transcricional do fator de reforço linfoide das células T no cancro gástrico e pancreático. *Diferenças de Crescimento Celular* 1999; **10**: 369376

* **Cai L,** Zheng ZL, Zhang ZF. Polimorfismos do citocromo p450 2E1 e o risco de cancro da cárdia gástrica. *World JGastroenterol* 2005; **11**: 1867-1871

* Caldas C, Carneiro F, Lynch HT, et al. Familial gastric cancer: overview and guidelines for management. J Med Genet 1999;36:873-80.

* Cario E, Brown D, McKee M, Lynch-Devaney K, Gerken G, Podolsky DK. Commensal-associated molecular patterns induce selective Toll-like recetor-trafficking from apical membrane to cytoplasmic compartments in polarized intestinal epithelium. *Am JPathol* 160: 165-173, 2002.

* Chan AOO, Chu KM, Huang C, et al. A associação entre a infeção por *Helicobacter pylori* e o polimorfismo da interleucina 1β predispõe à metilação da ilha CpG no cancro gástrico. *Gut* 2007;56:595-7.

* Chandrasoma PT, Der R, Ma Y, et al. Histologia da junção gastroesofágica: um estudo de autópsia. Am J Surg Pathol 2000;24:402-9.

* **Chang YJ, Wu MS, Lin JT, Chen CC.** A invasão *induzida por Helicobacter pylori* e a angiogénese de células gástricas são mediadas pela indução de ciclooxigenase-2 através de TLR2/TLR9 e regulação do promotor. *JImmunol* 175: 8242-8252, 2005.

* **Cho B,** Lee H, Jeong S, Bang YJ, Lee HJ, Hwang KS, Kim HY, Lee YS, Kang GH, Jeoung DI. A hipometilação do promotor de um novo gene de antígeno de câncer/testis CAGE está correlacionada com sua expressão aberrante e é observada no estágio pré-maligno do carcinoma gástrico. *Biochem Biophys Res Commun* 2003; **307**: 52-63

* Cocco P, Palli D, Buiatti E, et al. Exposições profissionais como factores de risco para o cancro gástrico em Itália. CancerCauses Control 1994;5:241-8.

* Correa P, Haenszel W, Cuello C, Tannenbaum S, Archer M. A model for gastric cancer epidemiology. Lancet 1975;2:58-60.

* Coussens LM, Werb Z. Infl ammation and cancer (Inflamação e cancro). *Nature* 2002; 420: 860-867

* Covacci, A., S. Censini, M. Bugnoli, R. Petracca, D. Burroni, G. Macchia, A. Massone, E. Papini, Z. Xiang, N. Figura, e R. Rappuoli. 1993. Caracterização molecular do antigénio imunodominante de 128-kDa de *Helicobacter pylori* associado à citotoxicidade e à úlcera duodenal. Proc. Natl. Acad. Sci. USA 90:5791-5795.

* **Cover TL,** Dooley CP, Blaser MJ. Caracterização e resposta serológica humana a proteínas em sobrenadantes de cultura em caldo de *Helicobacter pylori* com atividade de citotoxina vacuolizante. *Infect Immun* 1990; **58**: 603-610

* Cunningham D, Allum WH, Stenning SP, et al. Quimioterapia perioperatória versus cirurgia isolada para cancro gastroesofágico ressecável. N Engl J Med 2006;355:11-20.

* **Cramer T, Yamanishi Y, Clausen BE, Forster I, Pawlinski R, Mackman N, Haase VH, Jaenisch R, Corr M, Nizet V, Firestein GS, Gerber HP, Ferrara N e Johnson RS.** HIF-1_ is essential for myeloidcell-mediatedinflammation. *Cell* 112: 645-657, 2003.

* D'Elios MM, Manghetti M, De Carli M, et al. Células T helper 1 efectoras específicas para Helicobacter pylori no antro gástrico de doentes com úlcera péptica. J Immunol 1997;158:962 - 7.

* **Dalgleish AG e O'Byrne KJ.** Chronic immune activation and inflammation in the pathogenesis of AIDS and cancer. *Adv CancerRes* 84: 231-276, 2002.

* **Davies GR,** Simmonds NJ, Stevens TR, Sheaff MT, Banatvala N, Laurenson IF, Blake DR, Rampton DS. *Helicobacter pylori* stimulates antral mucosal reactive oxygen metabolite production in vivo. *Gut* 1994; **35**: 179-185

* de Visser, K.E., Eichten, A., e Coussens, L.M. 2006. Paradoxical roles of the immune system during cancer development. *Nat. Rev. Cancer.* **6**:24-37.

- **De Jong MM, Nolte IM, te Meerman GJ, van der Graaf WT, de Vries EG, Sijmons RH, Hofstra RM, e Kleibeuker JH.** Low-penetrance genes and their involvement in colorectal cancer susceptibility (Genes de baixa penetrância e seu envolvimento na suscetibilidade ao cancro colorrectal). *CancerEpidemiolBiomarkersPrev* 11: 1332-1352, 2002.

- de Klerk NH, Armstrong BK, Musk AW, et al. Cancer mortality in relation to measures of occupational exposure to crocidolite at Wittenoom Gorge in WesternAustralia. Br J Indust Med 1989;46:529-36.

- Dixon ME. Commentary: role of *Helicobacter pylori* on gastric mucosal damage, gastric cancer and gastric MALT lymphona. Gastroenterology 1997;113:565-6.

- Dobrovolskaia, M.A., e Kozlov, S.V. 2005. Inflammation and cancer: when NF-kappaB amalgamatest theperilouspartnership. *Curr. CancerDrugTargets.* **5**:325-344.

- **Dubois RN,** Abramson SB, Crofford L, Gupta RA, Simon LS, Van De Putte LB, Lipsky PE. Cyclooxygenaseinbiologyanddisease. **FASEBJ** 1998; *12*: 1063-1073

- Danesh J. *Helicobacterpylori* and gastric cancer; systematic review of epidemiological studies. Aliment Pharmacol Ther 1999;13:851-6.

- Eslick GD, Lim LL, Byles JE, et al. Association of *Helicobacter pylori* infection with gastric carcinoma: ameta-analysis. AmJ Gastroenterol 1999;94:2373-9.

- **Eaton KA,** Krakowka S. Effect of gastric pH on ureasedependent colonization of gnotobiotic piglets by *Helicobacterpylori*. *InfectImmun* 1994; **62**: 3604-3607

- **Eaton KA, Mefford M, and Thevenot T. The** role of T cell subsets and cytokines in the pathogenesis of *Helicobacter pylori* gastritis in mice. *JImmunol* 166: 7456-7461, 2001

- Eck M, Schmausser B, Scheller K, Brandlein S, Muller-Hermelink HK. Pleiotropic effects of CXC chemokines in gastric carcinoma: differences in CXCL8 and CXCL1 expression between diffuse and intestinal types of gastric carcinoma. Clin Exp Immunol 2003;134:508 - 15.

- Edge SB, Byrd DR, Compton CC, et al. AJCC cancer staging manuel. 7ª edição. New York: Springer, 2010.

- **El-Omar EM.** The importance of interleukin 1beta in *Helicobacter pylori* associated disease. *Gut* 2001; **48**: 743-747

- **El-Omar EM, Carrington M, Chow WH, McColl KE, Bream JH, Young HA, Herrera J, Lissowska J, Yuan CC, Rothman N, Lanyon G, Martin M, Fraumeni JF Jr, e Rabkin CS.** Interleukin-1 polymorphisms associated with increased risk of gastric cancer. *Nature* 404: 398-402, 2000.

- **El-Omar EM,** Oien K, Murray LS, El-Nujumi A, Wirz A, Gillen D, Williams C, Fullarton G, McColl KE. Aumento da prevalência de alterações pré-cancerosas em familiares de doentes com cancro gástrico: papel crítico do *H pylori*. *Gastroenterology* 2000; **118**: 22-30

- **El-Omar EM,** Rabkin CS, Gammon MD, Vaughan TL, Risch HA, Schoenberg JB, Stanford JL, Mayne ST, Goedert J, Blot WJ, Fraumeni JF Jr, Chow WH. Increased risk of noncardia gastric cancer associated with proinfl ammatory cytokine gene polymorphisms. *Gastroenterology* 2003; **124**: 11931201

- Estimativa do número de novos casos de cancro e de mortes por tipo de cancro, total mundial. CA Cancer J Clin 1999;49: 33-64

•   **Evans DJ Jr, Evans DG, Takemura T, Nakano H, Lampert HC, Graham DY, Granger DN, Kvietys PR.** Characterization of a *Helicobacter pylori* neutrophil-activating protein. *Infect Immun* 63: 2213-2220, 1995.

•   Everett SM, Axon AT. Cancro gástrico precoce na Europa. Gut 1997;41:142-50.

•   Everhart JE. Recent developments in the epidemiology of *Helicobacter pylori*. *Gastroenterol Clin NorthAm* 2000; **29**: 559-578

•   Ferlay J, Shin HR, Bray F, Forman D, Mathers C, Parkin DM. GLOBOCAN 2008 v1.2, Incidência e Mortalidade por Cancro a Nível Mundial: IARC CancerBase No. 10 [Internet]. Lyon, França: Agência Internacional de Investigação do Cancro, 2010. Disponível em: http://globocan.iarc.fr. Acedido em maio de 2011.

•   **Figueiredo C,** Machado JC, Pharoah P, Seruca R, Sousa S, Carvalho R, CapelinhaAF, Quint W, Caldas C, van Doorn LJ, Carneiro F, Sobrinho-Simoes M. *Helicobacter pylori* and interleukin 1 genotyping: an opportunity to identify high-risk individuals for gastric carcinoma. *J National Cancer Inst* 2002; **94**: 1680-1687

•   Figueiredo C, Van Doorn LJ, Nogueira C, Soares JM, Pinho C, Figueira P, Quint WG, Carneiro F. Os genótipos de *Helicobacter pylori* estão associados à evolução clínica em doentes portugueses e revelam uma elevada prevalência de infecções com múltiplas estirpes. *ScandJ Gastroenterol* 2001;36:128-35.

•   Fisher SG, Davis F, Nelson R, et al. A cohort study of stomach cancer risk in men after gastric surgery for benigndisease. JNatlCancerInst 1993;85:1303-10.

•   Fitzgerald KA, Rowe DC, Barnes BJ, et al. A sinalização LPS-TLR4 para IRF-3/7 e NF-kappaB envolve os adaptadores de portagem TRAM e TRIF. *JExp Med2003*; **198**: 1043-55.

•   **Fleisher AS,** Esteller M, Wang S, Tamura G, Suzuki H, Yin J, Zou TT, Abraham JM, Kong D, Smolinski KN, Shi YQ, Rhyu MG, Powell SM, James SP, Wilson KT, Herman JG, Meltzer SJ. Hipermetilação do promotor do gene hMLH1 em cancros gástricos humanos com instabilidade de microssatélites. *CancerRes* 1999; **59**: 1090-1095

•   Fox, J.G., e Wang, T.C. 2007. Inflammation, atrophy, and gastric cancer (Inflamação, atrofia e cancro gástrico). *J. Clin. Invest.* **117**:60-69. doi:10.1172/JCI30111.

•   Fox JG, Beck P, Dangler CA, et al. Concurrent enteric helminth infection modulates inflammation and gastric immune responses and reduces Helicobacter-induced gastric atrophy. Nat Med 2000;6:536 - 42.

•   Franchimont D, Vermeire S, El Housni H, Pierik M, Van Steen K, Gustot T. et al.O polimorfismo Asp299gly do recetor toll-like (TLR)-4 está associado à doença de Crohn e à colite ulcerosa. Gut 2004; 53: 987-992.

•   Fritz, J.H., Ferrero, R.L., Philpott, D.J., e Girardin, S.E. 2006. Nod-like proteins in immunity, inflammation and disease (Proteínas semelhantes a Nod na imunidade, inflamação e doença). *Nat. Immunol.* **7**:1250-1257.

•   Franceschi S, La Vecchia C. Alcohol and the risk of cancers of the stomach and colon-rectum. Dig Dis 1994;12:276-89.

•   Frumkin H, Berlin J. Asbestos exposure and gastrointestinal malignancy - review and meta-analysis. Am J Indust Med 1988;14: 79-95.

•   Furrie E, Macfarlane S, Thomson G, Macfarlane GT. Toll-like receptors-2, -3 and -4 expression patterns on human colon and their regulation by mucosal-associated bacteria. *Immunology* 115: 565574, 2005.

•   **Gasperini S,** Marchi M, Calzetti F, Laudanna C, Vicentini L, Olsen H, Murphy M, Liao F, Farber J, Cassatella MA.

Expressão genética e produção da monocina induzida por IFN-gama (MIG), quimioatractor de células T alfa induzível por IFN (ITAC) e quimioquinas de proteína-10 induzível por IFN-gama (IP-10) por neutrófilos humanos. *JImmunol* 1999; **162**: 4928-4937

- **Genta RM.** A imunobiologia *da* gastrite *por Helicobacterpylori. Semin GastrointestDis* 1997; **8**: 2-11

- Genta RM, Huberman RM, Graham DY. A cárdia gástrica na infeção por Helicobacter pylori. Hum Pathol 1994;25:915-9.

- **Gewirtz AT, Yu Y, Krishna US, Israel DA, Lyons SL, Peek RM Jr.** *Helicobacter pylori* flagellin evades Toll-like recetor 5-mediated innate immunity. *JInfectDis* 189: 1914-1920, 2004.

- Girardin SE, Boneca IG, Carneiro LA, et al. Nod1 detecta um muropeptídeo único do peptidoglicano de bactérias gram-negativas. *Science* 2003; **300:** 1584-87

- Girardin SE, Boneca IG, Viala J, et al. Nod2 é um sensor geral de peptidoglicano através da deteção de dipeptídeo muramílico (MDP). *JBiol Chem* 2003; **278:** 8869-72.

- **Glocker E,** Lange C, Covacci A, Bereswill S, Kist M, Pahl HL. As proteínas codificadas pela ilha de patogenicidade cag da *Helicobacter pylori* são necessárias para a ativação do NF-kappaB. *Infect Immun* 1998; **66**: 2346-2348

- Goodwin CS, Armstrong JA, Marshall BJ. Campylobacter pyloridis , gastrite e ulceração péptica. J Clin Pathol 1986;39:353 - 65.

- Goyert SM, Ferrero E, Rettig WJ, Yenamandra AK, Obata F, Le Beau MM. O antigénio de diferenciação de monócitos CD14 mapeia para uma região que codifica factores de crescimento e receptores. *Science* 1988; **239:** 497-500.

- **Graham DY,** Yamaoka Y. Disease-specific *Helicobacter pylori* virulence factors: the unfulfi lled promise. *Helicobacter* 2000; **5 Suppl 1**: S3-S9; discussão S27-S31

- Graham S, Haughey B, Marshall J, et al. Diet in the epidemiology of gastric cancer. Nutr Cancer 1990;13:19-34.

- Griem ML, Kleinerman RA, Boice JD Jr, et al. Cancro após radioterapia para úlcera péptica. J Natl CancerInst 1994;86:842-49.

- Grogg KL, Lohse CM, Pankratz VS, et al. Cancro gástrico rico em linfócitos: associações com o vírus Epstein-Barr, instabilidade de microssatélites, histologia e sobrevivência.Mod Pathol 2003;16:641-51

- **Grivennikov** SI et al. Immunity, inflammation, and cancer (Imunidade, inflamação e cancro). Cell. 2010;140:883-99.

- **Gupta RA, Polk DB, Krishna U, Israel DA, Yan F, DuBois RN, e Peek RM Jr.** Activation of peroxisome proliferator-activated recetor gamma suppresses nuclear fator _B-mediated apoptosis induced by *Helicobacter pylori* in gastric epithelial cells. *JBiol Chem* 276: 31059-31066, 2001.

- Hadden, J.W. 2003. Imunodeficiência e cancro: perspectivas de correção. *Int. Immunopharmacol.* 3:1061-1071

- **Hajjar AM, Ernst RK, Tsai JH, Wilson CB, Miller SI.** O recetor 4 do tipo Toll humano reconhece as modificações LPS específicas do hospedeiro. *Nat Immunol* 3: 354-359, 2002.

- Hamilton R, Aatonen LA. Tumores do Sistema Digestivo.Lyon:IARC; 2000:39-52.

- Hamann L, Kumpf O, Müller M, et al. Uma mutação codificante no primeiro exão do gene MD-2 humano resulta numa diminuição da sinalização induzida por lipopolissacáridos. *GenesImmun* 2004; **5**: 283-88.

* Hamann L, Stamme C, UlmerAJ, Schumann RR. Inhibition ofLPS-induced activation of alveolar macrophages by high concentrations ofLPS-binding protein. *Biochem Biophys Res Commun* 2002; **295**: 553-60.

* Hampe J, Cuthbert A, Croucher PJ, et al. Associação entre a mutação de inserção no gene NOD2 e a doença de Crohn nas populações alemã e britânica. *Lancet* 2001; **357**: 1925-28.

* Han, J., e Ulevitch, R.J. 2005. Limitação das respostas inflamatórias durante a ativação da imunidade inata. *Nat. Immunol.* **6**:1182-1189.

* Hanahan, D., e Weinberg, R.A. 2000. The hallmarks of cancer. *Cell.* **100**:57-70.

* **Hahn MA** et al. A metilação dos genes alvo do polycomb no cancro intestinal é mediada pela inflamação. CancerRes. 2008;68:10280-9.

* **Handschuh G,** Candidus S, Luber B, Reich U, Schott C, Oswald S, Becke H, Hutzler P, Birchmeier W, Hofl er H, Becker KF. Tumour-associated E-cadherin mutations alter cellular morphology, decrease cellularadhesion andincrease cellular motility. *Oncogene* 1999; **18**: 4301-4312

* **Hansson LE,** Nyren O, Hsing AW, Bergstrom R, Josefsson S, Chow WH, Fraumeni JF Jr, Adami HO. The risk of stomach cancer in patients with gastric or duodenal ulcer disease. *NEngl J Med* 1996; **335**: 242-249

* Hansson LE, Nyren O, Bergstrom R, et al. Dieta e risco de cancro gástrico. Um estudo de controlo de casos de base populacional na Suécia. Int J Cancer 1993;55:181-9.

* Hansson LE, Engstrand L, Nyren O, et al. Infeção por *Helicobacter pylori*: indicador de risco independente de adenocarcinoma gástrico. Gastroenterology 1993;105:1098-103.

* **Hansson** LE, Nyren O, Hsing AW, Bergstrom R, Josefsson S, Chow WH, et al. The risk of stomach cancer in patients with gastric or duodenal ulcer disease. N Engl J Med. 1996;335:242-9.

* **Hashimoto C, Hudson KL, Anderson KV.** O gene Toll de *Drosophila*, necessário para a polaridade embrionária dorsal-ventral, parece codificar uma proteína transmembranar. *Cell* 52: 269-279, 1988.

* Hatakeyama, M. (2004). Mecanismos oncogénicos da proteína CagA da Helicobacter pylori. Nat Rev Cancer 4, 688-694.

* Hatakeyama, M. (2006). Helicobacter pylori CagA - um intruso bacteriano que conspira a carcinogénese gástrica. IntJ Cancer 119, 1217-1223.

* **Hattori Y,** Odagiri H, Nakatani H, Miyagawa K, Naito K, Sakamoto H, Katoh O, Yoshida T, Sugimura T, Terada M. K-sam, um gene amplificado no cancro do estômago, é um membro dos genes do recetor do fator de crescimento de ligação à heparina. *Proc NatlAcadSci USA* 1990; **87**: 5983-5987

* **Hatz RA,** Rieder G, Stolte M, Bayerdorffer E, Meimarakis G, Schildberg FW, Enders G. Pattern of adhesion molecule expression on vascular endothelium in *Helicobacter pylori* associated antral gastritis. *Gastroenterologia* 1997; **112**: 1908-1919

* **Hayashi K,** Yokozaki H, Goodison S, Oue N, Suzuki T, Lotan R, Yasui W, Tahara E. Inativação do recetor beta do ácido retinóico por hipermetilação CpG do promotor no cancro gástrico. *Differentiation* 2001; **68**: 13-21

* Herman JG, Baylin SB. Gene silencing in cancer in association with promoter hypermethylation (silenciamento de genes

no cancro em associação com hipermetilação do promotor). *N EngUMed* 2003;349:2042- 54

- Higashi, H., Tsutsumi, R., Fujita, A., Yamazaki, S., Asaka, M., Azuma, T. & Hatakeyama, M. (2002a). A atividade biológica do fator de virulência CagA da Helicobacter pylori é determinada pela variação dos locais de fosforilação da tirosina. Proc Natl Acad Sci US A 99, 14428-14433

- Higashi, H., Tsutsumi, R., Muto, S., Sugiyama, T., Azuma, T., Asaka, M. & Hatakeyama, M. (2002b). SHP-2 tyrosine phosphatase as an intracellular target of Helicobacter pylori CagA protein. Science 295, 683-686

- Higashi, H., Yokoyama, K., Fujii, Y., Ren, S., Yuasa, H., Saadat, I., Murata-Kamiya, N., Azuma, T. & Hatakeyama, M. (2005). O motivo EPIYA é um sinal de orientação para a membrana do fator de virulência CagA da Helicobacter pylori em células de mamíferos. J Biol Chem 280, 23130-23137.

- Hoebe K, Du X, Georgel P, et al. Identification ofLps2 as a key transducer ofMyD88-independent TIR signalling. *Nature* 2003; **424:** 743-78.

- Hoebe K, Janssen E, Beutler B. A interface entre a imunidade inata e a imunidade adaptativa. *Nat Immunol* 2004; **5:** 971-74.

- Hohenbergos P, Gretschel S. Gastric cancer. Lancet 2003;362:305-315.

- Hole DJ, Quigley EM, Gillis CR, et al. Peptic ulcer and cancer: an examination of the relationship between chronic peptic ulcer and

- carcinoma gástrico. Scand J Gastroenterol 1987;22:17-23.

- **Hornef MW, Frisan T, Vandewalle A, Normark S, Richter-Dahlfors A.** Toll-like recetor 4 reside no aparelho de Golgi e colocaliza com lipopolissacarídeo internalizado em células epiteliais intestinais. *JExp Med* 195: 559-570, 2002.

- **Hornef MW, Normark BH, Vandewalle A, Normark S.** Intracellular recognition of lipopolysaccharide by toll-like recetor 4 in intestinal epithelial cells. *J Exp Med* 198: 1225-1235, 2003.

- Hoshino K, Takeuchi O, Kawai T, et al. Cutting edge: Os ratinhos deficientes em Toll like recetor 4 (TLR4) são hiporesponsivos ao lipopolissacárido: provas de que o TLR4 é o produto do gene Lps. *J Immunol* 1999; **162:** 3749-52.

- Hsing A, Hansson L, McLaughlin J, et al. Pernicious anaemia and subsequent cancer: a population based cohort study. Cancer 1993; 71:745-50.

- Huang, J. Q., Zheng, G. F., Sumanac, K., Irvine, E. J. & Hunt, R. H. (2003). Meta-análise da relação entre a seropositividade cagA e o cancro gástrico. Gastroenterology 125, 1636-1644.

- Hubacek JA, Pitha J, Skodova Z, et al. Polimorfismos na proteína de ligação ao lipopolissacarídeo e na proteína de aumento da permeabilidade bactericida/em pacientes com enfarte do miocárdio. *Clin Chem Lab Med* 2002; **40:** 1097-100.

- Hubacek JA, Stuber F, Frohlich D, et al. Variantes genéticas da proteína de aumento da permeabilidade bactericida e da proteína de ligação ao lipopolissacarídeo em pacientes com sepse: predisposição genética específica do gênero para sepse. *Crit Care Med* 2001; **29:** 557-61.

- Hughes C, Greywoode G, Chetty R. Gastric pseudo-signet ring cells: a potential diagnostic pitfall. Virchows Arch 2011;459:347-9.

* Hugot JP, Laurent-Puig P, Gower-Rousseau C, et al. Mapeamento de um locus de suscetibilidade para a doença de Crohn no cromossoma 16. *Nature* 1996; **379:** 821-23.

* Hugot JP, Chamaillard M, Zouali H, et al. Association ofNOD2 leucine-rich repeat variants with susceptibility to Crohn's disease. *Nature* 2001; **411:** 599-603.

* Hull J, Thompson A, Kwiatkowski D: Association of respiratory syncytial virus bronchiolitis with the interleukin 8 gene region in UK families. *Thorax* 2000, 55:1023-27.

* Hussain, S.P., Hofseth, L.J., e Harris, C.C. 2003. Radical causes of cancer (Causas radicais do cancro). *Nat. Rev. Cancer.* 3:276285.

* Hwang SW, Lee DH, Lee SH, et al. Estadiamento pré-operatório do cancro gástrico por ultrassonografia endoscópica e tomografia computorizada multidetectores. J Gastroenterol Hepatol 2010;25:512-8

* **Ilver D,** Arnqvist A, Ogren J, Frick IM, Kersulyte D, Incecik ET, Berg DE, Covacci A, Engstrand L, Boren T. *Helicobacter pylori* adhesin binding Iucosylated histo-blood group antigens revealed by retagging. *Science* 1998; **279:** 373-377

* InoharaN, OguraY, FontalbaA, et al. Reconhecimento pelo hospedeiro do dipeptídeo muramil bacteriano mediado peloNOD2. Implicações para a doença de Crohn. *JBiol Chem* 2003; **278:** 5509-12.

* Agência Internacional de Investigação do Cancro. Esquistossomas, vermes do fígado e *Helicobacterpylori*. Monografias do IARC sobre a avaliação dos riscos carcinogénicos para o homem, vol. 61. Lyon: Agência Internacional de Investigação do Cancro; 1994.

* Ishihara S, Rumi MA, Kadowaki Y, Ortega-Cava CF, Yuki T, Yoshino N, Miyaoka Y, Kazumori H, Ishimura N, Amano Y, Kinoshita Y. Papel essencial de MD-2 na sinalização dependente de TLR4 durante a gastrite *associada a Helicobacterpylori*. *JImmunol* 173: 1406-1416, 2004.

* **Isogaki J,** Shinmura K, Yin W, Arai T, Koda K, Kimura T, Kino I, Sugimura H. Instabilidade de microssatélites e mutações K-ras em adenomas gástricos, com referência a cancros gástricos associados. *CancerDetectPrev* 1999; **23:** 204-214

* **Isomoto H,** Mizuta Y, Miyazaki M, Takeshima F, Omagari K, Murase K, Nishiyama T, Inoue K, Murata I, Kohno S. Implicação do NF-kappaB na gastrite *associada à Helicobacter pylori*. *Am J Gastroenterol* 2000; **95:** 2768-2776

* **Ito R,** Kitadai Y, Kyo E, Yokozaki H, Yasui W, Yamashita U, Nikai H, Tahara E. A interleucina 1 alfa actua como um estimulador de crescimento autócrino para as células do carcinoma gástrico humano. *Cancer Res* 1993; **53:** 41024106

* **Ito Y.** Potencial oncogénico da família de genes RUNX: "overview". *Oncogene* 2004; **23:** 4198-4208

* Jackson CB, Judd LM, Menheniott TR, Kronborg I, Dow C, Yeomans ND, Boussioutas A, Robb L, Giraud AS. O aumento da sinalização de citocinas mediada por gp130 acompanha a progressão do cancro gástrico humano. *JPathol* 2007;213:140-51.

* **Jackson PA, Green MA, Marks CG, King RJ, Hubbard R, e Cook MG.** Lymphocyte subset infiltration patterns and HLA antigen status in colorectal carcinomas and adenomas. *Gut* 38: 85-89, 1996.

* **Jaiswal M,** LaRusso NF, Gores GJ. Nitric oxide in gastrointestinal epithelial cell carcinogenesis: linking infl ammation to oncogenesis. *Am JPhysiol Gastrointest Liver Physiol* 2001; **281:** G626-G634

* Ji BT, Chow WH, Yang G, et al. A influência do consumo de cigarros, álcool e chá verde no risco de carcinoma da

cárdia e do estômago distal em Xangai. China. Cancro 1996;77:2449-57.

• Joossens JV, Hill MJ, Elliott P, et al. Sal dietético, nitratos e mortalidade por cancro do estômago em 24 países. Int J Epidemiol 1996;24:494- 504.

• Kabat GC, Ng SK, Wynder EL. Tabaco, consumo de álcool e dieta em relação ao adenocarcinoma do esófago e da cárdia gástrica.

• Cancer Causes Control 1993;4:123-32 *J.R. Kelley, J.M. Duggan / Journal of Clinical Epidemiology 56 (2003) 1-9* 9

• Kaise M, Yamasaki T, Yonezawa J, Miwa J, Ohta Y, Tajiri H. A hipermetilação da ilha CpG dos genes supressores de tumores na mucosa gástrica não neoplásica *infetada com H.pylori* está associada ao risco de cancro gástrico. *Helicobacter* 2008;13:35-41.

• Kaneko S, Yoshimura T. Time trend analysis of gastric cancer incidence in Japan by histological types, 1975-1989 (Análise da tendência temporal da incidência do cancro gástrico no Japão por tipos histológicos, 1975-1989). Br J Cancer 2001;84:400-5.

• Karin, M. 2006. NF-kB e cancro: mecanismos e alvos. *Mol. Carcinog.* **45**:355-361.

• Karin, M., Cao, Y., Greten, F.R., e Li, Z.W. 2002. NF-kB in cancer: from innocent bystander to major culprit. *Nat. Rev. Cancer.* **2**:301-310.

• **Karin**, M., e Greten, F.R. 2005. NF-kB: ligação da inflamação e da imunidade ao desenvolvimento e progressão do cancro. *Nat. Rev. Immunol.* **5**:749-759.

• **Katoh M,** Hattori Y, Sasaki H, Tanaka M, Sugano K, Yazaki Y, Sugimura T, Terada M. O gene K-sam codifica um recetor tirosina quinase secretado e transmembranar. *Proc Natl Acad Sci USA* 1992; **89**: 2960-2964

• Kawai T, Adachi O, Ogawa T, Takeda K, Akira S. Unresponsiveness of MyD88-deficient mice to endotoxin. *Immunity* 1999; **11:** 115-22.

• **Kawai T,** Takeuchi O, Fujita T, Inoue J, Muhlradt PF, Sato S, Hoshino K, Akira S. O lipopolissacarídeo estimula a via independente de MyD88 e resulta na ativação do fator regulador de IFN 3 e na expressão de um subconjunto de genes induzidos por lipopolissacarídeos. *JImmunol* 2001; **167**: 5887-5894

• **Kawanishi J,** Kato J, Sasaki K, Fujii S, Watanabe N, Niitsu Y. Perda da adesão célula-célula dependente da E-caderina devido à mutação do gene da beta-catenina numa linha celular de cancro humano, HSC-39. *Mol Cell Biol* 1995; **15**:1175-1181

• **Keates S,** Hitti YS, Upton M, Kelly CP. *Helicobacter pylori* infection activates NF-kappa B in gastric epithelial cells. *Gastroenterologia* 1997; **113**: 1099-1109

• **Keates S,** Keates AC, Warny M, Peek RM Jr, Murray PG, Kelly CP. Ativação diferencial de proteínas cinases activadas por mitogénio em células epiteliais gástricas AGS por cag+ e cag- *Helicobacter pylori*. *J Immunol* 1999; **163**: 5552-5559

• **Keller G,** Grimm V, Vogelsang H, Bischoff P, Mueller J, Siewert JR, Hofl er H. Análise da instabilidade de microssatélites e de mutações do gene de reparação de incompatibilidades do ADN hMLH1 no cancro gástrico familiar. *IntJCancer* 1996; **68**: 571-576

• **Kiechl S,** Lorenz E, Reindl M, Wiedermann CJ, Oberhollenzer F, Bonora E, Willeit J, Schwartz DA. Toll-like recetor 4 polymorphisms and atherogenesis. *NEngl JMed* 2002; **347**: 185-192

* Kikuchi S, Wada O, Nakajima T, et al. Serum anti- *Helicobacter pylori* antibody and gastric carcinoma among young adults. Cancro 1995;75:2789-93.

* Kim, R., Emi, M., Tanabe, K., e Arihiro, K. 2006. Tumor-driven evolution of immunosuppressive networksduring malignantprogression. *CancerRes.* **66**:5527-5536.

* **Kim TY,** Lee HJ, Hwang KS, Lee M, Kim JW, Bang YJ, Kang GH. Metilação de RUNX3 em vários tipos de cancros humanos e fases pré-malignas do carcinoma gástrico. *Lab Invest* 2004; **84**: 479-484

* Kim YJ et al. Prevenção da carcinogénese associada à colite com infliximab. Cancer Prev Res (Phila). 2010;3:1314-33.

* **Kinzler KW,** Nilbert MC, Su LK, Vogelstein B, Bryan TM, Levy DB, Smith KJ, PreisingerAC, Hedge P, McKechnie D. Identificação dos genes do locus da PAF no cromossoma 5q21. *Science* 1991; **253**: 661665

* Kirschning CJ, Wesche H, Merrill Ayres T, Rothe M. Human toll-like recetor 2 confers responsiveness

ao lipopolissacarídeo bacteriano. *JExp Med* 1998; **188**: 2091-97.

* **Kitadai Y,** Haruma K, Mukaida N, Ohmoto Y, Matsutani N, Yasui W, Yamamoto S, Sumii K, Kajiyama G, Fidler IJ, Tahara E. Regulação dos genes de progressão da doença em células de carcinoma gástrico humano pela interleucina 8. *Clin Cancer Res* 2000; **6**: 2735-2740

* **Kitadai Y,** Haruma K, Sumii K, Yamamoto S, Ue T, Yokozaki H, Yasui W, Ohmoto Y, Kajiyama G, Fidler IJ, Tahara E. Expression of interleukin-8 correlates with vascularity in human gastric carcinomas. *Am JPathol* 1998; **152**: 93-100

* Kitadai Y, Takahashi Y, Haruma K, et al. A transfecção de interleucina-8 aumenta a angiogénese e a tumorigénese de células de carcinoma gástrico humano em ratinhos nus. Br J Cancer 1999;81:647 - 53.

* Klesney-Tait, J., Turnbull, I.R., e Colonna, M. 2006. A família de receptores TREM e a integração de sinais. *Nat. Immunol.* 7:1266-1273.

* Kline JN, Cowden JD, Hunninghake GW, et al. Variable airway responsiveness to inhaled lipopolysaccharide. *Am JRespir Crit Care*

* *Med* 1999; **160**: 297-303.

* Kobe B, Deisenhofer J. A structural basis of the interactions between leucine-rich repeats and protein ligands. *Nature* 1995; **374**: 183-86.

* Koch AE, Polverini PJ, Kunkel SL, et al. Interleukin-8 as a macrophage derived mediator of angiogenesis. Science 1992;258:1798 - 801.

* Kono S, Hirohata T. Nutition and stomach cancer (Nutrição e cancro do estômago). Cancer Causes Control 1996;7:41-55.

* **Kuck D,** Kolmerer B, Iking-Konert C, Krammer PH, Stremmel W, Rudi J. Vacuolating cytotoxin of *Helicobacterpylori* induces apoptosis in the human gastric epithelial cell line AGS. *InfectImmun* 2001; **69**: 5080-5087

* Kuipers EJ, Gracia-Casanova M, Pena AS, et al. *Helicobacter pylori* serology in patients with gastric carcinoma. ScandJ Gastroenterol 1993;28:433-7.

* Kuipers EJ, UyterlindeAM, PenaAS, et al. Long-term sequelae of *Helicobacter pylori* gastritis. Lancet 1995;345:1525-

8

• **Kuhn R, Lohler J, Rennick D, Rajewsky K, e Muller W.** Interleukin- 10-deficient mice develop chronic enterocolitis. *Cell* 75: 263-274, 1993.

• **Kuniyasu H,** Yasui W, Kitadai Y, Yokozaki H, Ito H, Tahara E. Amplificação frequente do gene c-met no cancro do estômago de tipo escirroso. *Biochem Biophys Res Commun* 1992; **189**: 227-232

• **Kuniyasu H,** Yasui W, Yokozaki H, Kitadai Y, Tahara E. Aberrant expression of c-met mRNA in human gastric carcinomas. *IntJ Cancer* 1993; **55**: 72-75

• **Kuniyasu H,** Yoshida K, Yokozaki H, Yasui W, Ito H, Toge T, Ciardiello F, Persico MG, Saeki T, Salomon DS. Expressão de cripto, um novo gene da família do fator de crescimento epidérmico, em carcinomas gastrointestinais humanos. *JpnJCancerRes* 1991; **82**: 969-973

• Kurashima Y, Murata-Kamiya N, Kikuchi K, Higashi H, Azuma T, Kondo S, Hatakeyama M. A desregulação do sinal de β-catenina por *Helicobacter pylori* CagA requer a sequência de multitmerização CagA. *IntJCancer* 2008;122:823-31.

• Kwiatkowski D. Suscetibilidade à infeção. BMJ 2000;321:1061-5.

• Lamping N, Dettmer R, Schroder NWJ, et al. A proteína de ligação a LPS protege os ratos do choque sético causado por LPS ou bactérias gram-negativas. *J Clin Invest* 1998; **101**:2065-71.

• Lauren P. Os dois principais tipos histológicos de carcinoma gástrico: difuso e o chamado carcinoma de tipo intestinal: uma tentativa de classificação histo-clínica. Ata Pathol Microbiol Scand 1965;64:31-49.

• Lauwers GY, Carneiro F, Graham DY. Carcinoma gástrico. In: Bowman FT, Carneiro F, Hruban RH, eds. Classification of Tumours of the Digestive System (Classificação dos Tumores do Sistema Digestivo). Lyon:IARC;2010. No prelo.

• La Vechhia C, Negri E, Franchescki S, et al. A história familiar e o risco de cancro do estômago e colorrectal. Cancer 1992;70:50-5.

• Lissowska J, Groves FD, Sobin LH, et al. História familiar e risco de cancro do estômago em Varsóvia, Polónia. EurJ CancerPrev 1999;8:223-7.

• **Lee KH,** Lee JS, Suh C, Kim SW, Kim SB, Lee JH, Lee MS, Park MY, Sun HS, Kim SH. Significado clinicopatológico da mutação pontual do códão 12 do gene K-ras no cancro do estômago. Uma análise de 140 casos. *Cancro* 1995; **75**: 2794-2801

• **Lee SK, StackA, Katzowitsch E, Aizawa SI, Suerbaum S, Josenhans C.** As flagelinas *da Helicobacterpylori* têm uma atividade intrínseca muito baixa para estimular as células epiteliais gástricas humanas através do TLR5. *Microbes Infect* 5: 1345-1356, 2003.

• Lee JK, Park BJ, Yoo KY, et al. Factores dietéticos e cancro do estômago: um estudo de caso-controlo na Coreia. Int JEpidemiol 1995;24:33-41.

• **Lefebvre O,** Chenard MP, Masson R, Linares J, Dierich A, LeMeur M, Wendling C, Tomasetto C, Chambon P, Rio MC. Anomalias da mucosa gástrica e tumorigénese em ratinhos que não possuem a proteína pS2 trefoil. *Science* 1996; **274**: 259-262

• **Leung SY,** Yuen ST, Chung LP, Chu KM, Chan AS, Ho JC. Metilação do promotor de hMLH1 e falta de expressão de hMLH1 em carcinomas gástricos esporádicos com instabilidade de microssatélites de alta frequência. *CancerRes* 1999; **59**: 159-

• **Li QL,** Ito K, Sakakura C, Fukamachi H, Inoue K, Chi XZ, Lee KY, Nomura S, Lee CW, Han SB, Kim HM, Kim WJ, Yamamoto H, Yamashita N, Yano T, Ikeda T, Itohara S, Inazawa J, Abe T, Hagiwara A, Yamagishi H, Ooe A, Kaneda A, Sugimura T, Ushijima T, Bae SC, Ito Y. Relação causal entre a perda de expressão de RUNX3 e o cancro gástrico. *Cell* 2002; **109**: 113-124

• Lien E, Sellati TJ, Yoshimura A, et al. O recetor Toll-like 2 funciona como um recetor de reconhecimento de padrões para diversos produtos bacterianos. *JBiol Chem* 1999; **274:** 33419-25.

• Lin JT, Wang JT, Wang TH, et al. Infeção por *Helicobacterpylori* numa população selecionada aleatoriamente, voluntários saudáveis e doentes com úlcera gástrica e adenocarcinoma gástrico. Um estudo de seroprevalência em Taiwan. ScandJ Gastroentol 1993;28:1067-72.

• Liotta LA. Cancer cell invasion and metastasis. Sci Am 1992;266:34-41

• Liotta LA. Check point para a invasão do cancro. Natureza 2000

• Lichtenstein P, Holm NV, Verkasald PK, et al. Environmental and heritable factors in the causation of cancer. Análise de coortes de gémeos da Suécia, Dinamarca e Finlândia. N Engl J Med 2000;343:78- 85.

• Lee S, Iida M, Yao T, et al. Risco de cancro gástrico em pacientes com úlcera péptica não tratada cirurgicamente. ScandJ Gastroenterol 1990;25: 1223-6.

• Lorenz E, Mira JP, Frees KL, Schwartz DA. Relevância das mutações no recetor TLR4 em pacientes com choque sético gramnegativo. Arch Intern Med 2002;162: 1028-1032.

• **Lotan R,** Ito H, Yasui W, Yokozaki H, Lotan D, Tahara E. Expression of a 31-kDa lactoside-binding lectin in normal human gastric mucosa and in primary and metastatic gastric carcinomas. *Int J Cancer* 1994; **56**: 474-480

• **Lu W,** Pan K, Zhang L, Lin D, Miao X, You W. Polimorfismos genéticos da interleucina (IL)-1B, IL-1RN, IL-8, IL-10 e fator de necrose tumoral {alfa} e risco de cancro gástrico numa população chinesa. *Carcinogénese* 2005; **26**: 631-636

• Lundin BS, Enarsson K, Kindlund B, Lundgren A, Johnsson E, Quinding-Jarbrink M, Svennerholm AM. A resposta local e sistémica das células T à *Helicobacter pylori* em doentes com cancro gástrico é caracterizada pela produção de interleucina-10. *Clin Immunol* 2007;125:205-13

• **Luperchio SA e Schauer DB.** Molecular pathogenesis of *Citrobacter rodentium* and transmissible murine colonic hyperplasia. *Microbes Infect* 3: 333-340, 2001.

• **Liu XH, Kirschenbaum A, Lu M, Yao S, Dosoretz A, Holland JF e Levine AC.** Prostaglandin E2 induces hypoxia-inducible fator-1_ stabilization and nuclear localization in a human prostate cancer cell line. *JBiol Chem* 277: 50081-50086, 2002.

• Luo, J.L., Kamata, H., e Karin, M. 2005. IKK/ NF-kB signaling: balancing life and death-a new approach to cancer therapy. *J. Clin. Invest.* **115**:2625-2632. doi:10.1172/JCI26322.

• Luster, A.D., Alon, R., e von Andrian, U.H. 2005. Migração de células imunes na inflamação: alvos terapêuticos actuais e futuros. *Nat. Immunol.* **6**:1182-1190.

• Luη'e G, Zhang W, Schultheis AM, Yang D, Groshen S, Hendifar AE, Husain H, Gordon MA, Nagashima F, Chang

HM, Lenz HJ: Polimorfismos no VEGF e na IL-8 predizem a recorrência do tumor no cancro do cólon em fase III. *Ann Oncol* 2008, 19(10):1734-41.

* McLaughlin JK, Hrubec Z, Blot WJ, et al. Smoking and cancer mortality among US Veterans: a 26 year follow-up. Int J Cancer 1995;

* 60:190-3.

* **Machado JC,** Pharoah P, Sousa S, Carvalho R, Oliveira C, Figueiredo C, Amorim A, Seruca R, Caldas C, Cameiro F, Sobrinho-Simoes M. Interleukin IB and interleukin IRN polymorphisms are associated with increased risk of gastric carcinoma. *Gastroenterologia* 2001; **121**: 823-829

* **Maeda S,** Yoshida H, Ogura K, Mitsuno Y, Hirata Y, Yamaji Y, Akanuma M, Shiratori Y, Omata M. *H pylori* ativa NF-kappaB através de uma via de sinalização que envolve IkappaB kinases, NF-kappaB- indutor kinase, TRAF2, e TRAF6 em células de cancro gástrico. *Gastroenterologia* 2000; **119**: 97-108

* **Maeda S, Akanuma M, Mitsuno Y, Hirata Y, Ogura K, Yoshida H, Shiratori Y, Ornata M.** Distinct mechanism of *Helicobacter pylori-mediated* NF-kappa B activation between gastric cancer cells and monocytic cells. *JBiol Chem* 276: 44856-44864, 2001.

* Maeda S, Ogura K, Yoshida H, et al. Os principais factores de virulência, VacA e CagA, são geralmente positivos em isolados de Helicobacter pylori no Japão. Gut 1998;42:338 - 43.

* **Magnusson PKE,** Enroth H, Eriksson I, Held M, Nyren O, Engstrand L, Hansson LE, Gyllensten UB. Gastric cancer and human leukocyte antigen: distinct DQ and DR alleles are associated with development of gastric cancer and infection by *Helicobacter pylori. CancerRes* 2001; **61**: 2684-2689

* **Mandell L, Moran AP, Cocchiarella A, Houghton J, Taylor N, Fox JG, Wang TC, Kurt-Jones EA.** As bactérias gram-negativas intactas *Helicobacterpylori, Helicobacter felis* e *Helicobacter hepaticus* activam a imunidade inata através do recetor 2 do tipo toll, mas não do recetor 4 do tipo toll. *Infect Immun* 72: 64466454, 2004.

* **Mannick EE,** Bravo LE, Zarama G, Realpe JL, Zhang XJ, Ruiz B, Fontham ET, Mera R, Miller MJ, Correa P. Inducible nitric oxide synthase, nitrotyrosine, and apoptosis in *Helicobacter pylori* gastritis: effect of antibiotics and antioxidants. *Cancer Res* 1996; **56**: 3238-3243

* Marshall BJ. Bacilos curvos não identificados no epitélio gástrico em gastrite crónica ativa. Lancet 1983;i:1273-7.

* Marshall BJ, Warren JR. Bacilos curvos não identificados no estômago de pacientes com gastrite e ulceração péptica. *Lancet* 1984; 1: 1311-1315

* Marth G, Yeh R, Minton M, et al. Single-nucleotide polymorphisms in the public domain: how useful are they? *Nat Genet* 2001; **27:** 371-72.

* **Masiakowski P,** Breathnach R, Bloch J, Gannon F, Krust A, Chambon P. Clonagem de sequências de cDNA de genes regulados por hormonas da linha celular de cancro da mama humano MCF-7. *Nucleic Acids Res* 1982; **10**: 7895-7903

* Mayer B, Johnson JP, Leitl F, et al. Expressão da E-caderina no cancro gástrico primário e metastático: a regulação negativa está correlacionada com a desdiferenciação celular e a desintegração glandular. Cancer Res 1993;53:1690-5.

* Matanoski GM, Seltser R, Sartwell PE, et al. The current mortality rates of radiologists and other physician specialists: specific causes of death. Am J Epidemiol 1975;101:199-210.

• Medzhitov, R. 2001. Receptores do tipo Toll e imunidade inata. *Nat. Rev. Immunol.* **1**:135-145.

• **Medzhitov R, Preston-Hurlburt P, Janeway CA Jr.** A human homologue of the *Drosophila* Toll protein signals activation ofadaptive   immunity. *Nature* 388: 394-397, 1997.

• Molloy RM, Sonnenberg A. Relationship between gastric cancer and previous peptic ulcer disease. Gut 1997;40:247-52.

• Michel O, Duchateau J, Sergysels R. Effect of inhaled endotoxin on bronchial reactivity in asthmatic and normal subjects. *JAppl Physiol* 1989; **66**: 1059-64.

• Mimuro, H., T. Suzuki, J. Tanaka, M. Asahi, R. Haas, e C. Sasakawa. 2002. Grb2 is a key mediator of *Helicobacter pylori* CagA protein activities. Mol. Cell 10:745-755.

• Minohara Y, Boyd DK, Hawkins HK, Ernst PB, Patel J, Crowe SE. O efeito da patogenicidade do *cag*

ilha sobre a ligação de *Helicobacter pylori* às células epiteliais gástricas e a subsequente indução de apoptose. *Helicobacter* 2007;12:583-90.

• **Mirvish SS.** Cinética da formação de nitrosamida a partir de alquilureias, N-alquiluretanos e alquilguanidinas: possíveis implicações para a etiologia do cancro gástrico humano. *JNatl CancerInst* 1971; **46**: 1183-1193

• Miyazaki T, Murayama Y, Shinomura Y, Yamamoto T, Watabe K, Tsutsui S, Kiyohara T, Tamura S, Hayashi N. E-cadherin gene promoter hypermethylation in *H. pyloriinduced* enlarged fold gastritis. *Helicobacter* 2007;12:523-31.

• **Mantovani A** et al. Cancer-related inflammation. Nature. 2008;454: 436-44.

• Mantovani, A., Sozzani, S., Locati, M., Allavena, P., e Sica, A. 2002. Macrophage polarization: tumor-associated macrophages as a paradigm for polarized M2 mononuclear phagocytes. *Trends Immunol.* **23**:549-555.

• Moller H, Mellemgaard A, Jacobsen GK, et al. Incidência de um segundo cancro primário após cancro testicular

cancro. EurJ Cancer 1993;29A: 672-76.

• **Mori N,** Wada A, Hirayama T, Parks TP, Stratowa C, Yamamoto N. A ativação da expressão da molécula de adesão intercelular 1 por *Helicobacter pylori* é regulada por NF-kappaB em células cancerosas epiteliais gástricas. *InfectImmun* 2000; **68**: 1806-1814

• Mukaida N, Shiroo M, Matsushima K: Estrutura genómica do fator quimiotático de neutrófilos derivado de monócitos humanos IL-8. *JImmunol* 1989, 143:1366-71.

• Murakami T. Diagnóstico patolomorfológico. Definição e classificação grosseira do cancro gástrico precoce. Gann Monohr Cancer Res 1971;11:53-5.

• Murata-Kamiya N, Kurashima Y, Teishikata Y, et al. *Helicobacter pylori* CagA interage com E-caderina e desregula o sinal de β-catenina que promove a transdiferenciação intestinal em células epiteliais gástricas. *Oncogene* 2007;26:4617-26.

• **Naito Y,** Yoshikawa T. Molecular and cellular mechanisms involved in *Helicobacter pyloriinduced* infl ammation and oxidative stress. *Free Radic Biol Med* 2002; **33**: 323-336

• **Nakatsuru S,** Yanagisawa A, Furnkawa Y, Ichii S, Kato Y, Nakamura Y, Horii A. Mutações somáticas do gene APC em lesões pré-cancerosas do estômago. *Hum Mol Genet* 1993; **2**: 1463-1465

- **Nakatsuru S,** Yanagisawa A, Ichii S, Tahara E, Kato Y, Nakamura Y, Horii A. Mutação somática do gene APC no cancro gástrico: mutações frequentes no adenocarcinoma muito bem diferenciado e no carcinoma de células sinalizadoras. *Hum Mol Genet* 1992; **1**: 559-563

- **Nakayama H,** Yasui W, Yokozaki H, Tahara E. A expressão reduzida de nm23 está associada a metástases de carcinomas gástricos humanos. *JpnJCancerRes* 1993; **84**: 184-190

- NeugutAI, Hayek M, Howe G. Epidemiology of gastric cancer (Epidemiologia do cancro gástrico). Semin Oncol 1996;23:281-91.

- **Noguchi E, Nishimura F, Fukai H, Kim J, Ichikawa K, Shibasaki M, Arinami T.** Um estudo de associação da asma e dos níveis totais de imunoglobina E no soro para polimorfismos dos receptores do tipo Toll numa população japonesa. *ClinExp Allergy 34:* 177-183,2004.

- **OchiaiA,** Yamauchi Y, Hirohashi S. Mutações do p53 na mucosa não neoplásica do estômago humano com metaplasia intestinal. *IntJ Cancer* 1996; **69**: 28-33

- **Oda N,** Tsujino T, Tsuda T, Yoshida K, Nakayama H, Yasui W, Tahara E. Padrão de ploidia do ADN e amplificação dos genes ERBB e ERBB2 em carcinomas gástricos humanos. *Virchows Arch B Cell Pathol InclMolPathol* 1990; **58**: 273-277

- Odenbreit, S., Puls, J., Sedlmaier, B., Gerland, E., Fischer, W. & Haas, R. (2000). Translocação de Helicobacter pylori CagA para células epiteliais gástricas por secreção do tipo IV. Science 287, 1497-1500.

- Ogura Y, Bonen DK, Inohara N, etal. A frameshift mutation in NOD2 associated with susceptibility to Crohn's disease. *Nature* 2001; **411:** 603-06.

- Ogura Y, Inohara N, Benito A, Chen FF, Yamaoka S, Nunez G. Nod2, um membro da família Nod1/Apaf-1 que é restrito a monócitos e ativa NF-kappaB. *JBiol Chem* 2001; **276:** 4812-28.

- Ohnishi N, Yuasa H, Tanaka S, et al. A expressão transgénica de *Helicobacter pylori* CagA induz neoplasias gastrointestinais e hematopoiéticas no rato. *Proc Natl AcadSci USA* 2008;105:1003-8.

- **Ohyauchi M,** Imatani A, Yonechi M, Asano N, Miura A, Iijima K, Koike T, Sekine H, Ohara S, Shimosegawa T. O polimorfismo da interleucina 8 -251 A/T influencia a suscetibilidade de doenças gástricas relacionadas com a *Helicobacterpylori* na população japonesa. *Gut* 2005; **54**: 330-335

- Okada R, Rahimov B, Ahn KS, Abdiev S, Malikov Y, Bahramov S. et al.Interleukin-8 T-251A polymorphism was associated with positive anti-p53 antibodies in uzbekistan population. Nagoya J. Med. Sci. 2009 71:151- 15

- O'Neill LA, Fitzgerald KA, Bowie AG. A família de adaptadores do recetor Toll-IL-1 aumenta para cinco membros. *Trends Immunol* 2003; **24**: 286-90

- **Ono S,** Oue N, Kuniyasu H, Suzuki T, Ito R, Matsusaki K, Ishikawa T, Tahara E, Yasui W. Acetylated histone H4 is reduced in human gastric adenomas and carcinomas. *J Exp Clin Cancer Res* 2002; **21**: 377-382

- Opitz B, Puschel A, Schmeck B, et al. As proteínas do domínio de oligomerização de ligação a nucleótidos são receptores imunes inatos para *Streptococcus pneumoniae* internalizado. *JBiol Chem* 2004; **279:** 36426-32.

- Orsini B, Ciancio G, Censini S, et al. A ilha de patogenicidade cag da Helicobacter pylori está associada a uma maior expressão de interleucina-8 na mucosa gástrica humana. Dig Liver Dis 2000;32:458 - 67.

- Palli D, Galli M, Caporaso NE, et al. Family history and risk of stomach cancer in Italy (História familiar e risco de cancro do estômago em Itália). Cancer Epidemiol Biomarkers Prev. 1994;3:15-8.

- **Park KS, Mok JW, Rho SA e Kim JC.** Análise de TNFB e TNFA NcoI RFLP no cancro colorrectal. *Mol Cell* 8: 246-249, 1998.

- Parkin DM, Bray F, Ferlay J, Pisani P. Estimating the World Cancer Burden: GLOBOCAN 2000. Int J Cancer. 2001 Oct 15;94(2):153-156.

- Parkin DM, Laara E, Muir CS. Estimativas da frequência mundial de dezasseis cancros principais em 1980. IntJCancer. 1988 Feb 15;41(2):184-97.

- Parkin DM, Pisani P, Ferlay J. Estimates of the worldwide incidence of eighteen major cancers in 1985. IntJCancer. 1993 Jun 19;54(4):594-606.

- Parkin DM, Stjernsward J, Muir CS. Estimates of the worldwide frequency of twelve major cancers (Estimativas da frequência mundial de doze cancros principais). Boletim do Órgão Mundial de Saúde. 1984;62(2):163-82.

- **Parsonnet J,** Friedman GD, Orentreich N, Vogelman H. Risk for gastric cancer in people with CagA positive or CagAnegative *Helicobacter pylori* infection. *Gut* 1997; **40**: 297-301

- **Parsonnet J,** Hansen S, Rodriguez L, Gelb AB, Warnke RA, Jellum E, Orentreich N, Vogelman JH, Friedman GD. Infeção por *Helicobacter pylori* e linfoma gástrico. *N Engl J Med* 1994; **330**: 12671271

- Parsonnet J, Vandersteen D, Goates J, et al. Infeção por Helicobacter pylori em adenocarcinomas gástricos de tipo intestinal e difuso. J Natl Cancer Inst 1991;83:640-3.

- Parsonnet J. *Helicobacter pylori* in the stomach-a paradox unmasked. N Engl J Med 1996;335:278- 80.

- Ponzetto A, Soldati T, deGuili M. *Helicobacter pylori* screening and gastric cancer (carta) Lancet 1996;348:758.

- **Peek RM Jr.** *Helicobacter pylori* strain-specific modulation of gastric mucosal cellular turnover: implications forcarcinogenesis. *JGastroenterol* 2002; **37 Suppl 13**: 10-16

- **Peek RM Jr,** Blaser MJ. *Helicobacter pylori* e adenocarcinomas do trato gastrointestinal. *Nat Rev Cancer* 2002; 2: 28-37

- **Peek RM Jr,** Miller GG, Tham KT, Perez-Perez GI, Zhao X, Atherton JC, Blaser MJ. Resposta inflamatória acrescida e expressão de citocinas in vivo a estirpes de *Helicobacter pylori* cagA+. *Lab Invest* 1995; **73**: 760-770

- **Peek RM Jr,** Thompson SA, Donahue JP, Tham KT, Atherton JC, Blaser MJ, Miller GG. A adesão às células epiteliais gástricas induz a expressão de um gene *da Helicobacter pylori*, iceA, que está associado ao resultado clínico. *Proc Assoc Am Physicians* 1998; **110**: 531-544

- **Peek RM Jr,** Vaezi MF, Falk GW, Goldblum JR, Perez-Perez Gl, Richter JE, Blaser MJ. Role of *Helicobacter pylori* cagA(+) strains and specifi c host immune responses on the development of premalignant and malignant lesions in the gastric cardia. *Int J Cancer* 1999; **82**: 520-524

- **Perez-Perez GI,** Bosques-Padilla FJ, Crosatti ML, Tijerina-Menchaca R, Garza-Gonzalez E. Role of p53 codon 72 polymorphism in the risk of development of distal gastric cancer. *Scand J Gastroenterol* 2005; **40**: 56-60

• **Perez-Perez GI, Shepherd VL, Morrow JD, Blaser MJ.** Activation of human THP-1 cells and rat bone marrow-derived macrophages by *Helicobacter pylori* lipopolysaccharide. *Infect Immun* 63: 1183- 1187, 1995.

• Perri F, Cotugno R, Piepoli A, Merla A, Quitadamo M, Gentile A, Pilotto A, Annese V, Andriulli A. Aberrant DNA methylation in non-neoplastic gastric mucosa of *H. pylori* infected patients and effect of eradication. *Am JGastroenterol* 2007;102:1361-71

• Pidgeon, G.P., et al. 1999. O papel da endotoxina/lipopolissacarídeo no crescimento tumoral induzido cirurgicamente num modelo murino de doença metastática. *Br. J. Cancer.* **81**:1311-1317.

• Pillinger MA, Marjanovic N, Kim SY, et al. *Helicobacter pylori* estimula a secreção de MMP-1 nas células epiteliais gástricas através da ativação de ERK independente e dependente de CagA. *JBiol Chem* 2007;282:18722-31...

• Polkowski W, van Sandick JW, Offerhaus GJ, et al. Valor prognóstico da classificação de Lauren e da sobreexpressão do oncogene c-erbB-2 no adenocarcinoma do esófago e da junção gastroesofágica. Ann Surg Oncol 1999;6:290-7.

• **Popivanova BK** et al. Blocking TNF-alpha inmice reduces colorectal carcinogenesis associated with chronic colitis. J Clin Invest. 2008;118:560-70.

• Qian X, Huang C, Cho CH, Hui WM, Rashid A, Chan AOO. Hipermetilação do promotor da ecaderina induzida pelo tratamento com interleucina-1β ou infeção por *H. pylori* em linhas celulares de cancro gástrico humano. *Cancer Lett* 2008;263:107-13.

• **Rad R,** Dossumbekova A, Neu B, Lang R, Bauer S, Saur D, Gerhard M, Prinz C. Cytokine gene polymorphisms infl uence mucosal cytokine expression, gastric infl ammation, and host specific colonisation during *Helicobacterpylori* infection. *Gut* 2004; **53**: 1082-1089

• Ramon JM, Serra L, Cerdo C, et al. Factores dietéticos e risco de cancro gástrico. Um estudo de caso-controlo em Espanha. Cancro 1993;71:1731-5.

• Rehli M. Of mice and men: species variations of Toll-like recetor expression (De ratos e homens: variações de espécies na expressão de receptores Toll-like). *Trends Immunol* 2002; **23:** 375-58.

• **Renshaw M,** Rockwell J, Engleman C, Gewirtz A, Katz J, Sambhara S. Cutting edge: impaired Tolllike recetor expression and function in aging. *JImmunol* 2002; **169:** 4697-4701

• Rhead JL, Letley DP, Mohammadi M, Hussein N, Mohagheghi MA, Hosseini ME, Atherton JC. Um novo determinante da citotoxina vacuolante da *Helicobacter pylori*, a região intermédia, está associado ao cancro gástrico. *Gastroenterology* 2007;133:926—36.

• **Ristimaki A,** Honkanen N, Jankala H, Sipponen P, Harkonen M. Expressão da ciclo-oxigenase-2 no carcinoma gástrico humano. *CancerRes* 1997; **57:** 1276-1280

• Robinson, M.J., Sancho, D., Slack, E.C., Leibundgut-Landmann, S. e Sousa, C.R. 2006. Lectinas mieloides do tipo C na imunidade inata. *Nat. Immunol.* 7:1258-1265.

• Roh JH, Srivastava A, Lauwers GY, et al. Micropapillary carcinoma of stomach: a clinicopathologic and immunohistochemical study of11 cases. Am J Surg Pathol2010;34:1139-46.

• **Roth KA, Kapadia SB, Martin SM, e Lorenz RG.** Cellular immune responses are essential for the developmentof *Helicobacterfelis-associated* gastric pathology. *JImmunol* 163: 1490-1497, 1999.

• Roterdão H. Carcinoma do estômago. In: Roterdão H, Enterline HT. Pathology of the stomach and duodenum. NewYork: Springer-Verlag.1989;142-204

• Sachidanandam R, Weissman D, Schmidt SC, et al. A map of human genome sequence variation containing 1.42 million single nucleotide polymorphisms. *Nature* 2001; **409:** 860-910.

• **Sakakura C,** Hagiwara A, Miyagawa K, Nakashima S, Yoshikawa T, Kin S, Nakase Y, Ito K, Yamagishi H, Yazumi S, Chiba T, Ito Y. Regulação negativa frequente dos factores de transcrição do domínio runtRUNX1, RUNX3 e do seu cofator CBFB no cancro gástrico. *IntJCancer* 2005; **113:** 221-228

• **Sakurai S,** Sano T, Nakajima T. Estudos clinicopatológicos e de biologia molecular de adenomas gástricos com especial referência à anomalia do p53. *Pathol Int* 1995; **45:** 51-57

• **Salvemini D,** Misko TP, Masferrer JL, Seibert K, Currie MG, Needleman P. Nitric oxide activates cyclooxygenase enzymes. *ProcNatlAcadSci USA* 1993; **90:** 7240-7244

• **Salvemini D,** Seibert K, Masferrer JL, Settle SL, Misko TP, Currie MG, Needleman P. Nitric oxide and the cyclooxygenase pathway. *Adv Prostaglandin Thromboxane Leukot Res* 1995; **23:** 491-493

• Sankaranarayanan R, Swaminathan R, Lucas E. Sobrevivência ao cancro em África, na Ásia, nas Caraíbas e na América Central: SURVCAN Lyon: Publicação científica da IARC Agência Internacional para a Investigação do Cancro, 2010.

• **Sano T,** Tsujino T, Yoshida K, Nakayama H, Haruma K, Ito H, Nakamura Y, Kajiyama G, Tahara E. Perda frequente de heterozigotia nos cromossomas 1q, 5q e 17p em carcinomas gástricos humanos. *Cancer Res* 1991; **51:** 2926-2931

• **Savage SA,** Abnet CC, Haque K, Mark SD, Qiao YL, Dong ZW, Dawsey SM, Taylor PR, Chanock SJ. Polymorphisms in interleukin -2, -6, and -10 are not associated with gastric cardia or esophageal cancer inah high-riskchinesepopulation. *Cancer EpidemiolBiomarkersPrev* 2004; **13:** 1547-1549

• **Sawaoka H,** Tsuji S, Tsujii M, Gunawan ES, Nakama A, Takei Y, Nagano K, Matsui H, Kawano S, Hori M. Expressão do gene da ciclo-oxigenase- 2 no epitélio gástrico. *J Clin Gastroenterol* 1997; **25 Suplemento:** S105-S110

• Schroder NW, Morath S, Alexander C, et al. O ácido lipoteicóico (LTA) de *Streptococcus pneumoniae* e *Staphylococcus aureus* ativa as células imunitárias através do receptor do tipo Toll (TLR)-2, da proteína de ligação aos lipopolissacáridos (LBP) e do CD14, enquanto o TLR-4 e o MD-2 não estão envolvidos. *J Biol Chem* 2003; **278:** 15587-94.

• Schroder NWJ, Heine H, Alexander C, et al. A proteína de ligação ao lipopolissacárido liga-se a ipopeptídeos triacilados e diacilados e medeia respostas imunitárias inatas. *JImmunol* 2004; **173:** 2683-91.

• Schumann RR. Interface célula hospedeira-patógeno: mecanismos moleculares e genética. *Vaccine* 2004; **22** (suppl 1): S21-4.

• Schumann RR, Leong SR, Flaggs GW, et al. Structure and function of lipopolysaccharide binding protein. *Science* 1990; **249:** 1429-31

• **Scott DR,** Weeks D, Hong C, Postius S, Melchers K, Sachs G. The role of internal urease in acid resistance *of Helicobacter pylori. Gastroenterologia* 1998; **114:** 58-7

• Segal, E. D., J. Cha, J. Lo, S. Falkow e L. S. Tompkins. 1999. Altered states: involvement of phosphorylated CagA in the induction of host cellular growth changes by *Helicobacter pylori*. Proc. Natl. Acad. Sci. USA 96:14559- 14564.

- Segal, E. D., S. Falkow, e L. S. Tompkins. 1996. *A ligação da Helicobacter pylori* às células gástricas induz rearranjos do citoesqueleto e fosforilação da tirosina das proteínas das células hospedeiras. Proc. Natl. Acad. Sci. USA 93:1259- 1264.

- **Segai ED,** Lange C, Covacci A, Tompkins LS, Falkow S. Induction of host signal transduction pathways by *Helicobacterpylori. Proc NatlAcad Sci USA* 1997; **94:** 7595-7599

- Selbach, M., Moese, S., Backert, S., Jungblut, P. R. & Meyer, T. F. (2004). A proteína CagA da Helicobacter pylori induz a desfosforilação da tirosina da ezrina. Proteómica 4, 2961-2968

- Shacter, E., e Weitzman, S.A. 2002. Chronic inflammation and cancer (Inflamação crónica e cancro). *Oncology.* **16:**217-226.

- Sharma **SA,** Tummuru MK, Blaser MJ, Kerr LD. Activation of IL-8 gene expression by *Helicobacter pylori* is regulated by transcription fator nuclear fator-kappa B in gastric epithelial cells. *J Immunol* 1998; **160:** 2401-2407

- **Shibata T,** Ochiai A, Kanai Y, Akimoto S, Gotoh M, Yasui N, Machinami R, Hirohashi S. Dominant negative inhibition of the association between beta-catenin and c-erbB-2 by N-terminally deleted beta- catenin suppresses the invasion andmetastasis of cancer cells. *Oncogene* 1996; **13:** 883-889

- Shimazu R, Akashi S, Ogata H, et al. MD-2, uma molécula que confere reatividade a lipopolissacarídeos no recetor 4 do tipo Toll. *JExp Med* 1999; **189:** 1777-82.

- Siewert JR, Stein HJ. Classification of adenocarcinoma of the oesophagogastric junction. Br J Surg 1998;85:1457-9.

- Siman JH, Forsgren A, Berglund G, et al. Association between *Helicobacterpylori* and gastric carcinoma in the city ofMalmo, Sweden. Um estudo prospetivo. Scand J Gastroenterol 1997;32:1215-21.

- Sipponen P, Kosunen TU, Valle J, et al. Infeção por *Helicobacter pylori* e gastrite crónica em doentes com doença gástrica

  cancro. JClinPathol 1992;45:319-23.

- Siurala M, Sipponen P, Kekki M. Gastrite crónica: aspectos dinâmicos e clínicos. Scand J Gastroenterol 1985;109(Suppl):S69-76.

- Sipponen P. Atrophic gastritis as a premalignant condition. Ann Med 1989;21:287-90.

- Sipponen P, Riihela M, Hyvarinen H, et al. A gastrite crónica não atrófica ("superficial") aumenta o risco de carcinoma gástrico. Um estudo caso-controlo. ScandJ Gastroenterol 1994;29:336-40.

- Sipponen P, Kekki M, Haapakoski J, et al. Gastric cancer risk in chronic atrophic gastritis: statistical calculations of cross-sectional data. Int J Cancer 1985;35:173-7.

- Smith PG, Doll R. Mortalidade por cancro e por todas as causas entre radiologistas britânicos. Br J Radiol 1981;54:187-94.

- **Smith MF Jr, Mitchell A, Li G, Ding S, Fitzmaurice AM, Ryan K, Crowe S, Goldberg JB.** Toll like recetor (TLR) 2 e TLR5, mas não TLR4, são necessários para a ativação de NFkappa B *induzida por Helicobacter pylori* e para a expressão de quimiocinas pelas células epiteliais. *JBiol Chem* 278: 32552-32560, 2003.

- **Smith ME,** Pignatelli M. A histologia molecular da neoplasia: o papel do complexo cadherin/catenin. *Histopatologia* 1997; **31:** 107-111

- **Smith WL,** Garavito RM, DeWitt DL. Prostaglandin endoperoxide H synthases (cyclooxygenases)-1 and -2. *JBiol Chem* 1996; **271**: 33157-33160

- Smyth, M.J., Cretney, E., Kershaw, M.H., e Hayakawa, Y. 2004. Cytokines in cancer immunity and immunotherapy. *Immunol. Rev.* **202**:275-293.

- Smythies LE, Waites KB, Lindsey JR, Harris PR, Ghiara P, Smith PD. Helicobacter pyloriinduced mucosal inflammation is Th1 mediated and exacerbated in IL-4, but not IFN-g, gene-deficient mice. J Immunol 2000;165:1022 - 9.

- Snider JL, Allison C, Bellaire B, Ferrero RL, Cardelli JA. A integrina β1- ativa JNK independentemente de CagA, e a ativação de JNK é necessária para a motilidade induzida por *Helicobacter pylori* CagA+ de células de cancro gástrico. *JBiol Chem* 2008;283:13952-63.

- Sobrinho-Simoes M. *Helicobacter pylori* and interleukin 1 genotyping: an opportunity to identify high-risk individuals for gastric carcinoma. *JNatl CancerInst* 2002; **94**: 1680-1687

- Stalnikowicz R, Benbassat J. Risk of gastric cancer after gastric surgery for benign disorders (Risco de cancro gástrico após cirurgia gástrica para doenças benignas). Arch InternMed 1990;150:2022-6.

- Stein, M., Bagnoli, F., Halenbeck, R., Rappuoli, R., Fantl, W. J. & Covacci, A. (2002). c-Src/Lyn kinases activam Helicobacter pylori CagA através da fosforilação da tirosina dos motivos EPIYA. Mol Microbiol 43, 971-980.

- **Stein M,** Rappuoli R, Covacci A. Tyrosine phosphorylation of the *Helicobacter pylori* CagA antigen after cag-driven host cell translocation. *Proc NatlAcadSci USA* 2000; **97**: 1263-1268

- Sthber F, Petersen M, Bokelmann F, Schade U. A genomic polymorphism within the tumor necrosis fator locus influences plasma tumor necrosis fator-alpha concentrations and outcome of patients with severe sepsis. *Crit Care Med* 1996; **24:** 381-84.

- **Su B, Ceponis PJ, Lebel S, Huynh H, Sherman PM.** *Helicobacter pylori* activates Toll-like recetor 4 expression in gastrointestinal epithelial cells. *InfectImmun* 71: 3496-3502, 2003.

- **SuerbaumS.** Variabilidade genética na *Helicobacter pylori*. *IntJMedMicrobiol 2000'^90·* 175-181

- **Suerbaum S,** Josenhans C, Claus H, Frosch M. Bacterial genomics- seven years on. *Trends Microbiol* 2002; **10·** 351-353

- **Sugimura T,** Fujimura S, Baba T. Produção de tumores no estômago glandular e no trato alimentar de theratbyN-metil-N'-nitro-N-nitrosoguanidina. *CancerRes* 1970; **30·** 455-465

- **Sung JJ,** Leung WK, Go MY, To KF, Cheng AS, Ng EK, Chan FK. Expressão da ciclooxigenase-2 em lesões gástricas pré-malignas e malignas *associadas ao Helicobacter pylori*. Am J Pathol 2000; **157·** 729-735

- **Sutton P, Kolesnikow T, Danon S, Wilson J, e Lee A.** A não resposta dominante à infeção por *Helicobacter pylori* está associada à produção de interleucina 10 mas não de interferão gama. *InfectImmun* 68· 4802-4804, 2000.

- **Suzuki H,** Miura S, Imaeda H, Suzuki M, Han JY, Mori M, Fukumura D, Tsuchiya M, Ishii H. Aumento dos níveis de quimioluminescência e do fator de ativação plaquetária nas úlceras gástricas urease-positivas. *Free Radic Biol Med* 1996; **20·** 449-454

- **Suzuki T,** Yasui W, Yokozaki H, Naka K, Ishikawa T, Tahara E. Expressão da família E2F em carcinomas gastrointestinais humanos. *Int Cancer* 1999; **81·** 535-538

• Schwartz DA, Thorne PS, Jagielo PJ, White GE, Bleuer SA, Frees KL. Endotoxin responsiveness and grain dust-induced inflammation in the lower respiratory tract. *Am JPhysiol* 1994; **267:** L609-17.

• Schwartz DA. Grain dust, endotoxin, and airflow obruction (poeira de grãos, endotoxina e obstrução do fluxo de ar). *Chest* 1996; **109** (suppl 3): 57S-63S.

• **Tahara E.** Genetic pathways of two types of gastric cancer (vias genéticas de dois tipos de cancro gástrico). *IARC Sci Publ* 2004; 327-349

• **Tahara T, Arisawa T, Wang F, Shibata T, Nakamura M, Sakata M, Hirata I, Nakano H.** O polimorfismo do recetor 2_196 a 174del do tipo Toll influencia a suscetibilidade dos japoneses ao cancro gástrico. *CancerSci* 98· 1790-1794, 2007.

• **Tahara T, Arisawa T, Wang F, Shibata T, Nakamura M, Sakata M, Hirata I, Nakano H.** Polimorfismo do recetor 2 do tipo Toll (TLR) _196 a 174del em doenças gastro-duodenais na população japonesa. *DigDis Sci* 53· 919-924, 2008.

• **Takahashi S, Fujita T, Yamamoto A.** Role of cyclooxygenase-2 in *Helicobacter pyloriinduced* gastritis in Mongolian gerbils. *Am J*

• *Physiol Gastrointest Liver Physiol* 279· G791-G798, 2000.

• **Takenaka R, Yokota K, Ayada K, Mizuno M, Zhao Y, Fujinami Y, Lin SN, Toyokawa T, Okada H, Shiratori Y, Oguma K.** A proteína 60 de choque térmico *da Helicobacter pylori* induz respostas inflamatórias através da via desencadeada por receptores do tipo Toll em células epiteliais gástricas humanas em cultura. *Microbiologia* 150· 3913-3922, 2004.

• **Takeda K, Akira S.** Vias de sinalização de TLR. *Semin Immunol* 16· 3-9, 2004.

• Taketomi, A., et al. 1997. Circulating intercellular adhesion molecule-1 in patients with hepatocellular carcinoma before and alter hepatic resection. *Hepatogastroenterology.* **44**:477-483.

• Talley JN, ZinsmeisterAR, WeaverA, et al. Gastric adenocarcinoma And *Helicobacter pylori* infection. JNatl CancerInst. 1991; 83:1734-9.

• Talley NJ, Fock KM, Moayyedi P. Gastric cancer consensus conference recommends *Helicobacter pylori* screening and treatment in asymptomatic persons from high-risk populations to prevent gastric cancer. *Am JGastroenterol* 2008;103:510-4.

• **Tamura G,** Kihana T, Nomura K, Terada M, Sugimura T, Hirohashi S. Deteção de mutações frequentes do gene p53 no cancro gástrico primário através da triagem de células e da análise de polimorfismo de conformação de cadeia simples da reação em cadeia da polimerase. *CancerRes* 1991; **51**: 3056-3058

• **Tamura G,** Sakata K, Nishizuka S, Maesawa C, Suzuki Y, Iwaya T, Terashima M, Saito K, Satodate R. Análise do gene da tríade frágil da histidina em carcinomas gástricos primários e linhas celulares de carcinoma gástrico. *Genes Chromosomes Cancer* 1997; **20**: 98-102

• **Tanaka Y, Furuta T, Suzuki S, Orito E, Yeo AE, Hirashima N, Sugauchi F, Ueda R e Mizokami M.** Impact of interleukin-1_ genetic polymorphisms on the development of hepatitis C virus-related hepatocellular carcinoma in Japan. *JInfectDis* 187: 1822-1825, 2003.

• **Tanimoto H,** Yoshida K, Yokozaki H, Yasui W, Nakayama H, Ito H, Ohama K, Tahara E. Expression of basic fi broblast growth fator in human gastric carcinomas. *Virchows Arch B Cell Pathol Incl Mol Pathol* 1991; **61**:263-267

• Tersmette AC, Giardiello FM, Tytgat GN, et al. Carcinogénese após cirurgia remota da úlcera péptica: o prognóstico a longo prazo da gastrectomia parcial. Scand J Gastroenterol 1995;212(Suppl):S 96-9.

• Tersmette AC, Offerhaus GJ, Tersmette KW, et al. Meta-analysis of the risk of gastric stump cancer: detection ofhigh risk patient subsets for stomach cancer after remote partial gastrectomy for benign condition. CancerRes 1990;50:6486-9.

• Grupo de estudo Eurogast. Uma associação internacional entre *a* infeção por *Helicobacter pylori* e o cancro gástrico. Lancet 1993;341: 1359-62.

• A classificação endoscópica de Paris das lesões neoplásicas superficiais: esófago, estômago e cólon: 30 de novembro a 1 de dezembro de 2002. GastrointestEndosc2003;58:S3-43.

• **Thibodeau SN,** French AJ, Roche PC, Cunningham JM, Tester DJ, Lindor NM, Moslein G, Baker SM, Liskay RM, Burgart LJ, Honchel R, Halling KC. Expressão alterada dehMSH2 e hMLH1 em tumores com instabilidade de microssatélites e alterações genéticas nos genes de reparação de incompatibilidades. *Cancer Res* 1996; **56**: 4836-4840

• Thompson DE, Mabuchi K, Ron E, et al. Incidência de cancro em sobreviventes da bomba atómica. Parte II: tumores sólidos, 1958-1987. RadiatRes 1994;137:S17-67.

• **Tohdo H,** Yokozaki H, Haruma K, Kajiyama G, Tahara E. Mutações do gene p53 em adenomas gástricos. *Virchows Arch B Cell Pathol Incl Mol Pathol* 1993; **63**: 191-195

• **Tomb JF,** White O, Kerlavage AR, Clayton RA, Sutton GG, Fleischmann RD, Ketchum KA, Klenk HP, Gill S, Dougherty BA, Nelson K, Quackenbush J, Zhou L, Kirkness EF, Peterson S, Loltus B, Richardson D, Dodson R, Khalak HG, Glodek A, McKenney K, Fitzegerald LM, Lee N, Adams MD, Hickey EK, Berg DE, Gocayne JD, Utterback TR, Peterson JD, Kelley JM, Cotton MD, Weidman JM, Fujii C, Bowman C, Watthey L, Wallin E, Hayes WS, Borodovsky M, Karp PD, Smith HO, Fraser CM, Venter JC. A sequência completa do genoma do agente patogénico gástrico *Helicobacter pylori*. *Nature* 1997; **388**: 539-547

• Truong CD, Feng W, Li W, et al. Caraterísticas do cancro gástrico associado ao vírus Epstein-Barr: um estudo de 235 casos num centro de cancro abrangente nos EUA. J Exp Clin Cancer Res 2009;28:14

• **Tsujii M,** DuBois RN. Alterações na adesão celular e na apoptose em células epiteliais que exprimem em excesso a prostaglandina endoperóxido sintase 2. *Célula* 1995; **83**: 493-501

• **Tsujii M,** Kawano S, DuBois RN. A expressão da ciclo-oxigenase-2 em células de cancro do cólon humano aumenta o potencial metastático. *Proc Natl AcadSci USA* 1997; **94**: 3336-3340

• Tsutsumi, R., Higashi, H., Higuchi, M., Okada, M. & Hatakeyama, M. (2003). Atenuação da sinalização Helicobacter pylori CagA SHP-2 por interação entre CagA e Src quinase C-terminal. J Biol Chem 278, 3664-3670.

• **Tucker EL,** Pignatelli M. Catenins and their associated proteins in colorectal cancer (Cateninas e suas proteínas associadas no cancro colorrectal). *Histol Histopathol* 2000; **15**: 251-260

• **Turini ME,** DuBois RN. Cyclooxygenase-2: um alvo terapêutico. *Annu Rev Med* 2002; **53**: 35-57

• **Ue T,** Yokozaki H, Kitadai Y, Yamamoto S, Yasui W, Ishikawa T, Tahara E. Co-expressão de osteopontina e CD44v9 no cancro gástrico. *IntJ Cancer* 1998; **79**: 127-132

• **Uemura N,** Okamoto S, Yamamoto S, Matsumura N, Yamaguchi S, Yamakido M, Taniyama K, Sasaki N, Schlemper RJ. *Helicobacter pylori* infection and the development of gastric cancer. *N Engl J Med* 2001; **345**: 784-789

• Ulevitch RJ, Mathison JC, Schumann RR, Tobias PS. A new model of macrophage stimulation by bacterial lipopolysaccharide. *JTrauma* 1990; **30** (suppl 12): S189-92.

• Unakami M, Hara M, Fukuchi S, et al. Cancro da cárdia gástrica e o hábito de fumar. Ata Pathol Jpn 1989;39:420-4.

• Ushiku T, Matsusaka K, Iwasaki Y, et al. Carcinoma gástrico com padrão micropapilar invasivo e a sua associação com metástases nos gânglios linfáticos. Histopathology2011;59:1081-9.

• Valle J, Kekki M, Sipponen P, et al. Long-term course and consequences of *Helicobacter pylori* gastritis. Resultados de um estudo de acompanhamento de 32 anos. Scand J Gastroenterol 1996;31:546-50.

• **Van Rees BP, Saukkonen K, Ristimaki A, Polkowski W, Tytgat GN, Drillenburg P, Offerhaus GJ.** Cyclooxygenase-2 expression during carcinogenesis in the human stomach. *J Pathol* 196: 171- 179, 2002

• van Leeuwen FE, Stiggelbout AM, van den Belt-dusebout AW, et al. Second cancer risk following testicular cancer: a follow-up study of 1,909 patient. J Clin Oncol 1993;11:415-24.

• **Viala J, Chaput C, Boneca IG, Cardona A, Girardin SE, Moran AP, Athman R, Memet S, Huerre MR, Coyle AJ, DiStefano PS, Sansonetti PJ, LabigneA, Bertin J, Philpott DJ, Ferrerò RL.** Nod1 responde ao peptidoglicano fornecido pela ilha de patogenicidade *cag da Helicobacter pylori*. *Nat Immunol* 5: 1166-1174, 2004.

• Visse R, Nagase H. Matrix metalloproteinases and tissue inhibitors of metalloproteinases: structure, function and biochemistry. *Circ Res* 2003;92:827-39.

• Wang JM, Taraboletti G, Matsushima K, Van Damme J, Mantovani A. Indução da migração haptotáctica de células de melanoma pela proteína activadora de neutrófilos/interleucina-8. Biochem Biophys Res Commun 1990;169:165 -70.

• Wang HH, Wu MS, Shun CT, et al. Lymphoepithelioma-like carcinoma of the stomach: a subset of gastric carcinoma with distinct clinicopathological features and high prevalence of Epstein-Barr virus infection. Hepatogastroenterology1999;46:1214-9.

• Wang SK, Zhu HF, He BS, Zhang ZY, Chen ZT, Wang ZZ, Wu GL. A infeção por *H pylori* CagA+ está associada à polarização das respostas imunitárias das células T auxiliares na carcinogénese gástrica. *World J Gastroenterol* 2007;13:2923-31.

• Wang JM, Deng X, Gong W, Su S. Chemokines and their role in tumor growth and metastasis. J Immunol Methods 1998;220:1 - 17.

• Wu MS, Shun CT, Wu CC, et al. Carcinomas gástricos associados ao vírus Epstein-Barr: relação com a infeção por H. pylori e alterações genéticas. Gastroenterology2000;118:1031-8.

• **Weber GF,** Ashkar S, Glimcher MJ, Cantor H. Interação recetor-ligando entre CD44 e osteopontina (Eta-1). *Science* 1996; **271**: 509-512

• Wang J-X, Inskip PD, Boice JD, et al. Incidência de cancro entre os trabalhadores de radiologia de diagnóstico médico na China, 1950 a 1985. Int J Cancer 1990;45:889-95.

• Weber JR, Freyer D, Alexander C, et al. Reconhecimento do peptidoglicano pneumocócico. Um papel alargado e fundamental para

• Proteína de ligação a LPS. *Immunity* 2003; **19:** 269-79.

- Webb PM, Forman D. *Helicobacter pylori* as a risk fator for cancer. Baillieres Clin Gastroenterol 1995;9:563-82.

- **Weeks DL,** Eskandari S, Scott DR, Sachs G. A H+-gated urea channel: the link between *Helicobacter pylori* urease and gastric colonization. *Science* 2000; **287**: 482-485

- **WestbrookAM** et al. Mechanisms of intestinal inflammation and development of associated cancers: lessons learned from mouse models. Mutat Res. 2010;705:40-59.

- **Wijnhoven BP,** Dinjens WN, Pignatelli M. E-cadherin-catenin cell-cell adhesion complex and human cancer. *BrJSurg* 2000; **87**: 992-1005

- **Williams CS,** Smalley W, DuBois RN. Aspirin use and potential mechanisms for colorectal cancer prevention (Utilização de aspirina e potenciais mecanismos de prevenção do cancro colorrectal). *JClinInvest* 1997; **100**: 1325-1329

- Wright SD, Ramos RA, Tobias PS, Ulevitch RJ, Mathison JC. CD14, a recetor for complexes of lipopolysaccharide (LPS) and LPS binding protein. *Science* 1990; **249:** 1431-33.

- Yamamoto M, Sato S, Hemmi H, et al. O TRAM está especificamente envolvido na via de sinalização independente de MyD88 mediada pelo recetor Toll-like 4. *NatImmunol* 2003; **4:** 1144-50.

- Yamamoto M, Sato S, Hemmi H, et al. Role of adaptor TRIF in the MyD88-independent toll-like recetor signaling pathway. *Science* 2003; **301:** 640-43.

- **Yamamoto S,** Yasui W, Kitadai Y, Yokozaki H, Haruma K, Kajiyama G, Tahara E. Expressão do fator de crescimento endotelial vascular em carcinomas gástricos humanos. *Pathol Int* 1998; **48**: 499-506

- Yamaoka, Y., T. Kodama, K. Kashima, D. Y. Graham e A. R. Sepulveda. 1998. Variantes da região 3_ do gene *cagA* em isolados de *Helicobacter pylori* de pacientes com diferentes doenças *associadas a H.pylori.* J. Clin. Microbiol. 36:2258-2263.

- Yamazaki, S., A. Yamakawa, Y. Ito, M. Ohtani, H. Higashi, M. Hatakeyama, e T. Azuma. 2003. A proteína CagA da *Helicobacter pylori* é translocada para as células epiteliais e liga-se à SHP-2 na mucosa gástrica humana. J. Infect. Dis. 187:334

- **Yanai AY, Hirata Y, Mitsuno S, Maeda S, Shibata W, Akanuma M, Yoshida H, Kawabe T, e Omata M.** *Helicobacter pylori* induces antiapoptosis through nuclear fator-_B activation. *JInfectDis* 188: 1741-1751,2003.

- Yang RB, Mark MR, Gray A, et al. Toll-like recetor-2 mediates lipopolysaccharide-induced cellular signalling. *Nature* 1998; **395:** 284-88.

- **Yasui W,** Hata J, Yokozaki H, Nakatani H, Ochiai A, Ito H, Tahara E. Interação entre o fator de crescimento epidérmico e o seu recetor na progressão do carcinoma gástrico humano. *Int J Cancer* 1988; **41**: 211217

- **Yasui W,** Kudo Y, Semba S, Yokozaki H, Tahara E. A expressão reduzida do inibidor da quinase dependente da ciclina p27Kip1 está associada ao estádio avançado e à capacidade de invasão dos carcinomas gástricos. *Jpn J CancerRes* 1997; **88**: 625-629

- **YasuiW,** Naka K, Suzuki T, Fujimoto J, Hayashi K, Matsutani N, Yokozaki H, Tahara E. Expressão de p27Kip1, ciclina E e E2F-1 em tumores primários e metastáticos de carcinoma gástrico. *Oncol Rep* 1999; **6**: 983-987

- **Yasui W,** Tahara E, Tahara H, Fujimoto J, Naka K, Nakayama J, Ishikawa F, Ide T, Tahara E. Immunohistochemical detection of human telomerase reverse transcriptase in normal mucosa and precancerous lesions of the stomach. *Jpn J Cancer*

Res 1999; **90**: 589-595

• **Yasui W,** Tahara H, Tahara E, Fujimoto J, Nakayama J, Ishikawa F, Ide T, Tahara E. Expressão do componente catalítico da telomerase, transcriptase reversa da telomerase, em carcinomas gástricos humanos. *Jpn J CancerRes* 1998; **89**: 1099-1103

• Ychou M, Boige V, Pignon JP, et al. Quimioterapia perioperatória comparada com cirurgia isolada para adenocarcinoma gastroesofágico ressecável: um ensaio multicêntrico de fase III do FNCLCC e FFCD. J ClinOncol 2011;29:1715-21.

• **Yokota J,** Yamamoto T, Miyajima N, Toyoshima K, Nomura N, Sakamoto H, Yoshida T, Terada M, Sugimura T. As alterações genéticas do oncogene c-erbB-2 ocorrem frequentemente no adenocarcinoma tubular do estômago e são muitas vezes acompanhadas pela amplificação do homólogo v-erbA. *Oncogene* 1988; **2**: 283-287

• **Yokozaki H,** Ito R, Nakayama H, Kuniyasu H, Taniyama K, Tahara E. Expressão de transcrições anormais de CD44 em carcinomas gástricos humanos. *CancerLett* 1994; **83**: 229-234

• **Yokozaki H,** Kuniyasu H, Kitadai Y, Nishimura K, Todo H, Ayhan A, Yasui W, Ito H, Tahara E. p53 point mutations in primary human gastric carcinomas. *J Cancer Res Clin Oncol* 1992; **119**: 67-70

• **Yokozaki H,** Shitara Y, Fujimoto J, Hiyama T, Yasui W, Tahara E. As alterações de p73 ocorrem preferencialmente em adenocarcinomas gástricos com fenótipo epitelial foveolar. *IntJCancer* 1999; **83**: 192-196

• **Yonemura Y,** Ninomiya I, Ohoyama S, Kimura H, Yamaguchi A, Fushida S, Kosaka T, Miwa K, Miyazaki I, Endou Y. Expressão da oncoproteína c-erbB-2 no carcinoma gástrico. A imunoreactividade da proteína c-erbB-2 é um indicador independente de mau prognóstico a curto prazo em doentes com carcinoma gástrico. *Cancro* 1991; **67**: 2914-2918

• **Yoshida K,** Bolodeoku J, Sugino T, Goodison S, Matsumura Y, Warren BF, Toge T, Tahara E, Tarin D. Retenção anormal do intrão 9 nas transcrições do gene CD44 em tumores gastrointestinais humanos. *Cancer Res* 1995; **55**: 4273-4277

• **Yoshida K,** Tsujino T, Yasui W, Kameda T, Sano T, Nakayama H, Toge T, Tahara E. Indução de genes de receptores de factores de crescimento e de metaloproteinases pelo fator de crescimento epidérmico e/ou pelo fator de crescimento transformador alfa na linha celular de carcinoma gástrico humano MKN-28. *Jpn J Cancer Res* 1990; **81**: 793798

• **Yoshida K,** Yokozaki H, Niimoto M, Ito H, Ito M, Tahara E. Expressão de TGF-beta e procolagénio tipo I e tipo III em carcinomas gástricos humanos. *Int J Cancer* 1989; **44**: 394-398

• Yoshikawa K, Maruyama K. Caraterísticas do cancro gástrico que invade a camada muscular própria - com especial referência à mortalidade e à causa de morte. Jpn J ClinOncol 1985;15:499-503.

• **Zarrilli R,** Ricci V, Romano M. Molecular response of gastric epithelial cells to *Helicobacter pylori* - induced cell damage. *Cell Microbiol* 1999; **1**: 93-99

• Zhang H, Chang DC, Lan CH, Luo YH. A infeção por *Helicobacter pylori* induz a apoptose em células de cancro gástrico através da via mitocondrial. *J Gastroenterol Hepatol* 2007;22:1051-6.

• Zhang DX, Hewitt GM. Nuclear DNA analyses in genetic studies of populations: practice, problems and prospects. *Mol Ecol* 2003; **12**: 563-84.

• **Zhao Y, Yokota K, Ayada K, Yamamoto Y, Okada T, Shen L, Oguma K.** *A* proteína de choque térmico 60 *da Helicobacter pylori* induz a interleucina 8 através de um recetor do tipo Toll (TLR)2 e da via da proteína cinase activada por mitogénio (MAP) em monócitos humanos. *JMedMicrobiol* 56: 154-164, 2007.

- Zweigner J, Gramm HJ, Singer OC, Wegscheider K, Schumann RR. Altas concentrações de proteína de ligação a lipopolissacarídeos no soro de pacientes com sépsis grave ou choque sético inibem a resposta a lipopolissacarídeos em monócitos humanos. *Sangue* 2001; **98:** 3800-08.

yes
I want morebooks!

Buy your books fast and straightforward online - at one of world's fastest growing online book stores! Environmentally sound due to Print-on-Demand technologies.

Buy your books online at
www.morebooks.shop

Compre os seus livros mais rápido e diretamente na internet, em uma das livrarias on-line com o maior crescimento no mundo! Produção que protege o meio ambiente através das tecnologias de impressão sob demanda.

Compre os seus livros on-line em
www.morebooks.shop

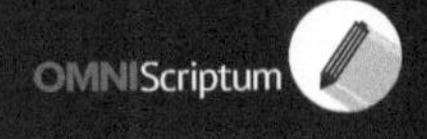

Printed by Books on Demand GmbH, Norderstedt / Germany